KB120717

일본의 노벨과학상

- 왜, 일본은 노벨과학상에 강한가? -

일본의 노벨과학상

– 왜, 일본은 노벨과학상에 강한가? –

초판 1쇄 인쇄일 2015년 1월 28일
초판 1쇄 발행일 2015년 2월 1일

지은이 홍정국·최광학
펴낸이 양옥매
디자인 이윤경
교정 조준경

펴낸곳 도서출판 책과나무
출판등록 제2012-000376
주소 서울특별시 마포구 월드컵북로 44길 37 천지빌딩 3층
대표전화 02.372.1537 **팩스** 02.372.1538
이메일 booknamu2007@naver.com
홈페이지 www.booknamu.com
ISBN 979-11-5776-016-9(03400)

이 도서의 국립중앙도서관 출판시도서목록(CIP)은 서지정보유통지원 시스템
홈페이지(http://seoji.nl.go.kr)와 국가자료공동목록시스템
(http://www.nl.go.kr/kolisnet)에서 이용하실 수 있습니다.
(CIP제어번호 : CIP2015002571)

일본의
노벨과학상

– 왜, 일본은 노벨과학상에 강한가? –

홍정국 · 최광학 지음

노벨상 수상과 올림픽 금메달은 개인의 탁월한 업적에 대해서 평가받는 세계 최고의 상이다. 동시에 노벨상과 올림픽은 국력을 나타낸다는 유사점이 있다. 금메달을 몇 개 땄는지, 노벨상 수상자를 몇 명 배출했는지에 따라 나라의 위신이 달라진다. 그리고 받은 사람에게는 최고의 명예가 되며, 다른 이들로 하여금 인생 최대의 목표가 되고 뜨거운 꿈을 갖게 한다. 동시에 수상자들은 의무감이나 부담을 짊어지게 된다는 면에서도 같다. 일본 정부는 2001년에 발표한 제2기 과학기술 기본계획에서 "향후 50년간 30명의 노벨 과학상 수상"이라는 목표를 내세웠으며, 한국에서도 노벨과학상 수상자 제1호의 배출에 남다른 의미를 두고 있다. 이러한 점에서도 알 수 있듯이 노벨과학상에 대해서는 한국과 일본 모두 뜨거운 관심을 보이고 있다.

그러나 '노벨과학상'은 개인이 갖고 싶다고 해서 가질 수 있는 상이 아니고, 국가가 정책 목표를 세워 막대한 국가 예산을 투입했다고 해서 당장 손에 쥘 수 있는 것도 아니다. 그렇다면 일본에서는 어떻게 많은 노벨과학상 수상자를 배출할 수 있었는지에 대해 자연스럽게 의문이 생긴다. 이 책은 일본의 노벨과학상 수상과 노벨과학상 과학자들의 특성을 사실대로 살펴보고, 이러한 질문에 대한 답을 찾고자 한다. "왜 일본은 노벨상에 강한가?"를 부감(俯瞰)하는 것이다.

한국은 1960년대에 들어 과학기술에 대한 거국적인 노력을 시작했고, 그 결과 눈부신 약진을 가져왔다. 21세기 들어, 한국의 과학기술 경쟁력은 세계 최고 수준에 이르렀다. 이는 과학기술 연구 개발에 대한 국가의 투자액과 GNP대비 투자비율, 자연계 연구자의 박사 학위 소유자의 수, 저명 전문 학술지에의 연구 논문 수나 Science Citation Index, 초록·인용 문헌 수, 특허 취득 수, 그리고 권위 있는 국제 관련 기관의 연감·통계 등에 있어서 높은 위치를 차지하고 있다. 이는 과학기술 선진국인 일본에 육박하는 것으로, 해외 동포 과학기술자로서 대단히 기쁜 소식이고 모국인 한국의 역량이 커 가는 모습을 자랑스럽게 지켜보고 있다. 그러나 한 가지 유감스러운 것은 노벨과학상 수상자가 아직 모국인 한국에서 배출되지 못하고 있다는 점이다.

한편, 일본에서는 1949년, 유카와 히데키 박사에서부터 2014년 수상에 이르기까지 총 19명(미국 국적 보유자 2명 포함)의 노벨 과학상 수상자가 배출되고 있다. 이 숫자는 미국, 영국, 독일, 프랑스에 이어 5위로, 비서양권에서는 최고를 기록한다. 더블 수상은 두 번(2002년과 2010년), 물리학 분야의 독점은 두 번(2008년과 2014년), 한 해에 4명의 수상자(2008년)

도 배출했을 때도 있었다. 더구나 노벨상이 시작된 1901년부터 1949년까지 일본의 첫 수상자가 나온 과정에서나 21세기 들어 미래의 수상 후보자로 예상되는 과학자에 이르기까지 수많은 일본인 노벨상 후보자가 거론되고 있다. 이와 같이 일본은 "노벨과학상 대국"이라고 말할 수 있다.

저자는 일본인 과학자가 노벨과학상을 수상할 때마다 모국의 관계자나 재일동포 사회로부터 늘 똑같은 질문을 반복하여 받았다. 그것은 "일본이 노벨과학상을 계속 수상하는 이유는 무엇인가? 왜 한국은 노벨과학상이 없으며, 무엇을 하면 언제쯤 제1호의 노벨과학상 수상자가 나오겠는가?"라는 질문이었다. 이러한 질문은 2002년, 일본이 처음으로 노벨과학상을 더블 수상한 때부터 더욱 고조되었다.

일본에서 태어나 일본의 교육을 받으며 일본의 과학기술 사회에 속해 있는 저자에게는, 일본이 계속해서 노벨과학상을 수상하는 것은 당연한 결과라고 생각해 오던 부분도 있기 때문에 이러한 질문에 대해서 별로 주저하지 않고 같은 답을 해 왔다. 동시에 한국의 노벨과학상에 대한 뜨거운 기대감도 언급해 왔다.

지금까지 저자가 답한 내용의 근저에는 본질적인 것이 흐르고 있다고 생각한다. 그리고 개별적이고 단편적으로 질문에 응해 온 내용들을 정리해서 모국 한국의 관심 있는 분들에게 전하고 싶었다. 아울러 정확한 의사를 전달하기 위해서는 구두로 이야기하는 것은 충분하지 않아, 그 내용을 정리하여 글로 소개하고자 하는 것이다. 일본이 특별히 노벨과학상에 강한 이유에 대해 일시적인 관심을 두는 것에 그치지 않고, 일본에서 노벨과학상 수상자가 배출하는 이유와 배경은 무엇이고 그것이 우리 한국에 얼마나 참고가 될 수 있는지에 대해 나름대로 생각해 온 것을 여러 면에서 정리하고 소개하는 것이 본서의 목적이다. 그러나 모국에서 노벨과학상 수상자를 배출하기 위한 방안에 대해서는 언급하지 않고, 그 부분은 이 책을 읽은 분들의 생각에 맡기고 싶다.

본서는 우선 노벨과학상의 창설 목적과 시상 과정, 노벨과학상 수상과 실태(빛과 그림자)에 대해 소개한다. 이어서 일본의 노벨과학상 수상자에 대해 노벨상이 시작된 1901년부터 1948년까지 수상 후보자로서 이름을 올렸으나 수상을 놓친 일본인 과학자와에 대해 소개하며, 1949년부터 2014년 사이에 노벨과학상을 수상한 일본인 과학자에 대해 폭넓게 정리한다. 그리고 일본에서 노벨과학상 수상자가 속출하는 이유와 배경을 분석하고, 일본의 과학기술 강점과 기초과학의 과제에 대해서도 검증해 보기로 한다. 이는 과학자에게 주어진 일본의 문화·역사적 환경이나 정신적인 면에 초점을 맞춘 것이기 때문에 이를 보충하고, 좀 더 객관적인 면에서도 살펴볼 수 있도록 일본 정부의 과학기술 정책도 소개하고자 한다. 마지막으로 이와 같은 논의를 바탕으로 일본의 노벨과학상 수상부터 얻을 수 있는 것은 무엇인지를 정리한다.

이와 같은 내용은 전문적인 내용이 많고 심오한 분석과 고도의 통찰력을 필요로 하는 것으로서 신뢰성 높고 광대한 데이터와 정보에 의거하는 것을 전제로 한다. 그러나 저자에게는 그러한 정보와 데이터의 수집에 한계가 있고 전문적인 방법과 경험이 부족하기 때문에 저자의 개인적인 관점을 바탕으로 하여 이미 공개된 각종 자료를 최대한 활용하였으며, 사실(Facts)을 바탕으로 정리하였다. 아울러 저자의 일상 경험과 관찰, 의문과 분석, 그리고 실례를 중시하는 평이한 접근 방식을 택했다.

그리고 말미에 참고자료(간행물, URL등)를 게재했다. 참고자료는 노벨 과학상 자체뿐만 아니라 일본의 노벨과학상 수상자, 일본의 과학기술 정책과 과학기술 경쟁력, 일본의 과학기술 발전사, 일본 대학의 기초 연구 역량 등 다양한 분야에 걸쳐 참고하였다.

노벨과학상 수상자가 연속으로 배출되기 위해서는 창조성을 높이는 환경, 즉 지(知)의 Infrastructure가 충실해야 된다고 생각한다. 과학자 개개인이 처해 있는 여건뿐만 아니라 과학자의 주변과 사회 전체에서 편만하게 흐르는 수준의 성숙도에 이르러야 노벨과학상 수상자가 배출될 것이다. 이는 과학을 받아들이고 뿌리를 내리는 과학문화 사회의 성숙도를 의미하는 것으로, 특히 기초과학 분야에서 강조되어야 한다고 생각한다.

일본은 이미 19세기 말인 메이지 시대부터 이러한 문화가 형성되기 시작하여 오늘날까지 계승되고 있다. 노벨과학상이 속출하고 있는 일본에서 태어난 재일 한국 과학기술자의 한 사람으로서 그 역할의 일부로 인식하고 이 책을 쓰게 된 것을 다행스럽게 생각하며, 국가 성장 전략으로서 과학기술 창조 입국을 내세우고 있는 일본이 모국과 그 정책을 공유하기를 바라는 마음이다.

마지막으로 이 책의 집필에 대한 나의 생각을 이해해 주고 서툰 나의 모국어를 보완했을 뿐만 아니라 일본의 과학기술정책을 종합 · 정리해서 원고(제4장)를 작성한 최광학 선생님께 감사드린다. 최 선생님은 내가 재일한국과학기술자협회 회장을 지내고 있을 때, 주일한국대사관의 과학관으로서 일본의 과학기술정책을 자세히 살펴보고, 모국의 과학기술 발전을 위해 힘을 쏟은 프로 외교관이다. 이 책을 최 선생님과 함께 작성한 것에 대해 대단히 기쁘며 영광으로 생각한다.

집필자 대표 홍정국

· CONTENTS ·

4장. 일본의 과학기술 정책의 경위 · 123

5장. 일본의 노벨과학상 수상에서 무엇을 배울 수 있는가? · 141

1장
노벨과학상이란?

The Nobel Prize
1901-2014

ALFRED NOBEL

　노벨과학상은 세계에서 가장 널리 알려진 최고의 국제상이다. 이미 노벨과학상의 창설자가 누군지는 널리 알려져 있다. 인류 번영에 현저한 공헌을 한 사람에게 주어지는 상으로, 수상자는 가장 명예로운 자연 과학자로 칭송된다. 상금이 약11억 원 정도이고, 매년 어느 분야 어느 나라 누구에게 상이 주어지는지가 화제가 된다. 그리고 노벨상 시즌이 되면 많은 사람이 수상자 발표에 숨을 죽이고 텔레비전을 지켜본다. 이 장에서는 노벨과학상의 일반적인 해설이 아니라 이 책의 취지에 맞게 노벨과학상에 대한 내용을 중심으로 정리해 본다.

❶ 노벨과학상의 창설과 목적

스웨덴의 화학자이자 발명가이며 기업가인 Alfred Bernhard Nobel

(1833년 10월 21일~1896년 12월 10일)은 다이너마이트를 발명했고, 이를 통해 많은 재산을 축적했다. 그가 모든 유산을 들여 이 상(賞)을 창설한 일은 익히 잘 알려진 사실이다. 노벨과학상은 노벨의 유언(1895년 11월 27일)에 따라 만들어진 노벨재단에서 수여하고 있다. 노벨이 남긴 유언의 요점은 다음과 같다.

노벨은 유산 중 돈으로 환전할 수 있는 것은 모두 바꿔 기금으로 하고, 이 기금의 이자를 사용하여 전년에 인류를 위해 가장 위대한 공헌을 한 사람에게 상금으로 주며, 다섯 개 상에 분배하라는 유언을 남겼다. 그중 자연 과학 분야는 다음 세 가지이다.

- 물리학 분야에서 가장 중요한 발견 또는 개량을 한 사람
- 화학 분야에서 가장 중요한 발견 또는 개량을 한 사람
- 생리학 혹은 의학의 영역에서 가장 중요한 발견을 한 사람

물리학상과 화학상은 스웨덴 왕립 과학아카데미에서 시상을 하고, 생리학·의학상은 스톡홀름의 Karolinska연구소에서 시상한다. 노벨상 기금의 재산관리인인 노벨재단은 노벨의 유언에 따라 1895년에 설립되었으며, 노벨상 수여는 노벨의 5주기를 추모해서 1901년 12월 10일에 시작되었다. 세계 최대 규모의 국제상으로서 세계에서 가장 존경을 받는 노벨과학상은 지금까지 574명에게 수여되었으며, 특히 자연 과학 분야(물리학, 화학, 생리·의학)에서는 이 상을 가장 명예로운 상으로 여기고 있다.

노벨재단 이사장은 스웨덴 정부가 임명하고 재단의 재산관리인은 노

벨재단이 선임하며 평의원은 재산관리인이 선임한다. 스웨덴 국왕은 평의원장과 차장을 임명하며, 수상자에게 직접 상을 수여한다. 이와 같이 노벨상은 스웨덴이 거국적으로 운영하는 상이다.

❷ 노벨과학상 선발 과정과 시상

노벨과학상 수상자로는 공정하고 엄밀하고 누구나 납득할 수 있는 실적을 낸 과학자를 선발한다. 선발 과정은 완전히 비밀에 부치며, 추천 서류를 포함한 관련 자료와 선발위원회의 심의 및 결론 등 모든 기록이 엄격하게 관리되고 보관된다. 이들 기록 문서는 50년이 지나면 학술 목적의 조사를 위해서만 이용이 가능하다.

이처럼 엄격하고 철저한 과정과 기록 덕분에 노벨과학상의 선발 과정이 존중되고, 노벨과학상에 대한 평가와 신뢰가 높아졌다. 한편으로는 과거의 불합리적인 선발 과정도 알 수 있게 되었다.

노벨과학상에 있어서 가장 중요한 것은 공정하고 누구나 납득할 수 있는 실적을 남긴 과학자를 선발한다는 것과 선발 과정을 책임 지는 기관으로 노벨재단이 아닌 각 분야별 전문가로 구성되는 별도의 선발 기관을 운영한다는 것이다. 또한 시상할 분야를 매년 미리 정하는 것으로 알려져 있다. 물리학과 화학 분야의 노벨과학상 선발 기관은 약 350명으로 구성되는 스웨덴 왕립과학아카데미와 5명으로 구성되는 두 개의 노벨위원회이다. 한편 생리학·의학 분야의 노벨과학상 선발 기관은 50명의 교수로 구성되는 Carolinska연구소의 노벨회의와 5명의 노벨위원회이다.

3개 분야의 노벨과학상 선발 과정을 연간 사이클로 보면 다음과 같다. 우선 노벨과학상 시상 전년도 5월부터 9월까지 후보자를 추천하는 추천자를 지명하며, 10월에 추천자에게 추천장을 발송하고 후보자 추천을 의뢰한다. 추천자는 세계의 대학이나 연구기관, 특별히 선택된 전문가, 그리고 노벨과학상 수상자(종신 추천 자격 보유) 등 약 3,000명이며, 전문 분야나 나라 및 지역에 편중되지 않도록 배려한다. 추천은 노벨과학상이 시상되는 해의 1월 말에 마감한다. 추천자로부터의 회답은 10~20% 정도이며, 매년 300명 정도의 후보자가 추천된다. 2월부터 후보자에 대한 심사가 시작되고 3월에 후보자 목록이 작성되며, 4~6월에 특별 심사를 거쳐 8월에 평가 결과 보고서가 작성된다. 9월에 수차례 선발위원회를 개최하여 3명을 최종 후보자로 압축한다. 그리고 10월에 수상자를 발표한다. 수상자는 분야별로 최대 3명까지 될 수 있다. 12월 6일에서 11일 사이에 노벨과학상 수상 기념 강연과 축제가 열리며, 12월 10일에 시상식이 개최된다.

매년 시상 분야가 미리 정해지는데, 생리학·의학 분야는 5월까지 6~7개 분야가 정해진다. '노벨과학상은 분야에 주어진다'라고 하는 이유가 바로 여기에 있다. 노벨과학상 수상에는 사전 기획 단계가 있다는 말이다. 미리 수상 분야를 정하고 이에 해당하는 후보자를 추천받아 선발하는 것이다. 이 과정에서 세계 곳곳에 에이전트(비밀 조사원)가 활동하여 공정하고 엄정한 조사를 진행한다. 선발 과정에 사용되는 예산은 노벨과학상 수상자에게 주어지는 금액(2014년도 상 하나에 800만

Svensk Krona, 약 11억 8천만 원)과 거의 같은 액수라고 한다. 이 예산은 노벨상의 공정성과 타당성을 유지하는 데 사용되는 것이다. 노벨과학상 상금 액수는 노벨재단 기금 운용 이익이 감소됨에 따라 2012년에 20% 정도 감소되었다.

❸ 노벨과학상의 빛과 그림자

노벨과학상에는 빛과 그림자가 있다. 노벨과학상으로 인해 인류 문명의 발전에 기여하는 다양한 효과가 빛이라면 노벨상의 수상자 결정이 사람의 손에서 이루어지면서 발생하는 폐해도 나타나고 있다.

노벨과학상은 자연 과학 분야에서는 세계에서 가장 명예로운 상이다. 수상자는 자신의 전문 분야뿐만 아니라 직장과 나라에서 칭송을 받으며 각광을 받는다. 이러한 명예는 공정하고 엄정한 선발 제도에 의해야만 가능한 것이다. 자연 과학 분야의 노벨상의 업적은 20세기 100년의 과학기술의 발전 역사를 있는 그대로 대변하고 있다고 말할 수 있다. 예를 들어, 2000년 노벨물리학상을 수상한 텍사스인스트루먼트사(TI) 고문인 Jack Kirby는 세계 최초로 집적 회로(IC)를 발명했는데, 그 이론의 배경이 된 것은 1900년 12월에 발표된 Max Planck의 '양자역학'이었다. 이와 같이 원리·원칙의 이론적인 성과를 대상으로 1918년에 노벨물리학상이 수여되었고, 이를 실용 분야로 확대하면서 자연 과학의 발전과 인류의 번영에 기여했다. 그리고 이 같은 성과가 바탕이 되어 2000년 노벨물리학상으로 연결되었다. 이러한 사례들이 노벨과학상의 가치를 높였고, 수상자인 과학자에게는 최고의 명예를 안겨 준 것이다.

그러나 이러한 노벨과학상의 빛이 있는 반면, 그림자도 존재한다. 시상 대상의 편향과 시상 과정에서 야기된 각종 문제가 그 한계점으로 지적되고 있다. 소위 「노벨과학상의 3대 과오」라는 것이 알려져 있다.

그 첫째는 일본인 수상 후보인 야마기와 사부로에 관한 내용으로, 나중에 자세히 설명하겠지만 세계 최초로 인공 암을 발생시킨 야마기와가 노벨과학상 선발 과정의 최종단계에서 떨어진 일이다. 이와 유사한 사례는 면역 혈청 요법을 세계 처음으로 발견한 기타자토 시바사부로에서도 볼 수 있다.

두 번째는 1947년 로보토미 수술(Lobotomy: 폐와 뇌 등의 장기를 구성하는 엽(葉 · lobe)을 절제하는 수술)을 고안하여 노벨생리학 · 의학상을 수상한 Egas Moniz의 사례이다. 이는 노벨과학상의 불합리한 면이 지적된 사례이다. 일반적으로 노벨물리학상의 경우, 실험에는 높은 평가를 하는 반면 이론에는 냉담한 것으로 알려져 왔다. 그러나 1957년 노벨물리학상은 이론가(梁振寧, 李政道)에게만 시상하고, 이론을 증명한 여성 실험가(吳健雄)는 제외하였다.

또한 2008년에는 고바야시 마코토, 마스카와 도시히데, 남부 요이치로 등 세 명의 일본인이 수상한 물리학상에 대해 이탈리아의 물리학회가 납득하지 않았다. 그 이유는 고바야시와 마스카와의 연구 성과에 선구적 이론으로 알려진 이탈리아인 물리학자와 남부 요이치로의 원논문 공저자인 이탈리아인 물리학자가 공동으로 수상하지 못했기 때문이다. 이외에도 이와 유사한 사례는 많이 있다. 다음에 상세히 설명하겠지만, 초기에는 일본인 과학자가 주로 피해자였으나 2008년도에는 입장이 바뀌었다.

또한 2014년도 노벨 물리학상의 대상이 된 LED(발광 다이오드)의 창조자이며 적색 LED를 개발한 Nick Holonyak, Jr.(Illinois대)이 빠진 것은 이상하다는 소리가 미국의 한 연구자의 입에서 나왔다고 한다. 또한 적색 LED의 개선과 녹색 LED 개발에 성공한 니시자와 준이치(도호쿠대학)도 수상에서 누락되었다.

이뿐만이 아니다. 노벨과학상이 반드시 과학의 최고봉이 아니라는 점도 지적되고 있다. 최정상에 있는 과학기술자가 반드시 노벨과학상을 수상하지 못했기 때문이다. 예를 들면, 발명왕 토마스 에디슨(1847년~1931년)과 컴퓨터 분야의 노벨과학상이라고 불리는 튜링상의 Alan Mathison Turing(1912년~1954년), 원자폭탄의 아버지인 로버트 오펜하이머(1904년~1967년), 수소폭탄의 아버지인 에드워드 텔러(1908년~2003년) 등 과학이나 기술 발전에 탁월한 공헌을 한 사람에게 노벨과학상이 주어지지 않았다는 사실이다. 이러한 과학기술자에게 노벨과학상이 주어지지 않은 이유는 노벨상의 성격에 어울리지 않았기 때문이라고 알려져 있다. 한편 소련 수소폭탄의 아버지인 안드레이 사하로프(1921년~1989년)에게는 1975년에 노벨평화상이 주어졌다. 그는 자신의 양심에 따라 반체제 운동과 인권 운동을 한 사람이다. 이와 같이 노벨과학상에는 성격과 메시지가 함께 존재하고 있다.

마지막으로, 노벨과학상 수상에서 몇 가지 편향성을 볼 수 있다는 점이다. 상세 정보는 수상자 목록을 검증하면 되겠지만 여기에서는 세 가지 점에 대해 지적하고자 한다. 그것은 수상자의 국가·지역·성별·인종 등에 치우침이 있다는 것이다. 즉, 노벨과학상 수상자는 구미 선진국의 백인계 남성에게 편향됐다는 것이다. 실제로 국가와 지역으로 볼 때 노벨과학상 수상자 전체의 60%가 미국, 30%는 유럽이 차지하였다. 미국이 압도적으로 많은 것은 2차 세계 대전 후에 나타난 현상으로, 그 이유는 미국이 세계의 기초과학 연구의 거점이 되었기 때문이다. 세계의 우수 두뇌들이 미국으로 흘러들어 가 연구하고 수상한 것이다. 흥미로운 것은 10% 정도가 구미 이외에서 배출됐는데, 그중에서 일본이 가장 많고 호주, 이스라엘, 대만이 뒤를 잇고 있다. 영연방의 나라들을 제외하면 일본의 수상수가 압도적으로 많다. 이것은 일본이 비구미(非歐美) 국가 중 기초과학의 연구 거점으로서 가장 높은 평가를 받고 있다는 증거라고 할 수 있다.

그러나 비구미 국가, 개발도상국, 여성, 유색인종의 과학자 중에 노벨과학상 수상자가 극히 적어서, 노벨과학상이 편향적이고 연구 업적의 평가가 제한적이라는 지적이 나올 수밖에 없는 현실이다. 이러한 지적에도 불구하고 노벨과학상의 가치와 매력과 존엄의 빛은 불변이라고 하지 않을 수 없다.

2장

일본인 노벨과학상 수상의
역사와 실적

The Nobel Prize
1901-2014

ALFRED NOBEL

　일본인 노벨과학상 수상자의 제1호는 1949년에 물리학 분야에서 수상한 유카와 히데키 박사이며, 2014년까지 19명이 물리학상, 화학상, 생리학 · 의학상을 수상했다.

　일본인으로서 학문적으로 높은 평가를 받았고 노벨과학상 수상 후보로도 선발되었으나 아쉽게도 수상하지 못한 "환상(幻像)의 노벨과학상(꿈에 그친 노벨과학상)"에 그친 사례가 많이 있다. 수상 후보자로 추천되어 반세기 가까이 기다린 사례도 많다. 일본의 노벨과학상 배출의 이유와 배경을 검토할 때, 수상자뿐 아니라 수상을 놓친 사례에 대해서도 정리하고 그 배경을 알아보는 것은 일본의 노벨과학상의 배경을 이해하는 데 의미 있다고 생각한다.

　이 장은 일본에서 노벨과학상을 받은 자와 함께 탁월한 연구 업적을 내고 노벨과학상에 근접해 있었지만 결국 노벨과학상을 받지 못한 일본인 과학자에 대해 정리·분석하며, 일본의 노벨과학상의 실패 사례와 성공 사례를 역사적이고 종합적인 면에서 정리하여 일본인 노벨과학상 수상의 이유와 배경 등을 사실대로 살펴보기로 한다.

❶ 일본인 노벨과학상의 시작("꿈에 그친(幻影) 노벨과학상")

1901년에 시작된 노벨과학상과 일본인 과학자와의 관계, 즉 일본의 노벨과학상의 시작 단계부터 검토해 보자. 일본의 경우, 노벨과학상 초창기에는 대체로 비극적이었으며 시련의 시기였다. 세계적이고 역사에 남을 연구 실적을 냈음에도 불구하고, 노벨과학상을 수상하지 못했던 시대였다.

과거 노벨과학상 후보자(피추천자 포함)로서 수상에 가장 근접했지만 상을 놓친 일본인 과학자("幻像의 노벨과학상")와 오랫동안 노벨과학상 후보자를 추천해 왔던 일본인 과학자 나가오카 한타로에 대해 이미 출판된 자료를 바탕으로 사실을 정리하고, 정리된 사실에서 볼 수 있는 일본 노벨과학상 수상에 관한 일반적인 경향을 분석해 보기로 한다. 또한 특별한 개별 사례에 대해서는 깊이 있는 분석을 하며 일본의 "幻像의 노벨과학상"에서 얻을 수 있는 학습 효과에 대해서도 검토하기로 한다.

▶ 일본인의 꿈에 그친 노벨과학상 후보자(2차 대전 전의 일본인 노벨과학상 후보자)

노벨재단은 노벨과학상 수상자의 선발 과정을 50년 후에 문서로 공표하고 있다. 그 문서에는 선발 과정에 대해 상세하고도 다양한 사실이 담겨 있다. 이러한 내용을 기술한 간행물이나 Web사이트를 통해 일본인의 "幻像의 노벨과학상"을 [부록. 표1]에 정리했다. 이 표에서는 노벨과학상을 놓친 일본인 과학자의 이름, 노벨과학상 후보가 된 연구 실적, 추천을 받은 나이, 그리고 일본인 과학자의 노벨과학상을 꿈으로 그치게 만든 수상자와 수상 이유, 수상 분야와 수상 연도, 수상자의 연구 실적 등을 정리했다.

일본의 노벨과학상 제1호는 유카와 히데키 박사(1949년 수상)인데, 일본에는 노벨상이 시작된 연도부터 이미 다수의 후보자가 있었다. 세균 학자 기타자토 시바사부로 (국립전염병연구소, 1901년 추천), 세균학자 노구치 히데요(Pennsylvania대학·Rockefeller대학·도쿄대학, 1913년부터 1927년까지 9회 추천), 공학·약학박사 다카미네 죠오기치, 세균학자 이나다 료키치(규수대학, 1919년 추천), 세균학자 이도 야스오(규수대학, 1919년 추천), 병리학자 야마기와 기쯔사부로(도쿄대학, 1925년·1926년·1928년·1936년 추천), 세균학자 하타 사하치로(국립전염병연구소), 생리학자 하자마 분이치로(나가사키의대, 1938년 추천), 생리학자 구래 켄(도쿄대학, 1939년 추천), 생리학자 이시하라 마코토(교토대학, 1939년 추천), 면역학자 토리카타 류우조(교토대학, 1939년 추천), 농학·생리학자 스즈키 우메타로(도쿄대학·이화학연구소, 1914년·1927년·1936년 추천), 생리학자 가토 겐이치(게이오대학, 1935년), 의학자 사사키 다카오키(도쿄대학, 1939년 추천), 물리·야금공학자 혼다 고타로(도호쿠대학·이화학연구소) 등이다.

위에 열거한 15명은 메이지 시대(1868년~1912년)로부터 2차 대전 종전(1945년)까지의 사례이다. 이는 모두 공표된 자료에 근거하여 밝혀진 사실인데, 이외에도 아직까지 확인되지 않은 사례가 더 있을 수도 있다. 이미 밝혀진 사례의 경우에도 선발 과정에 대한 정보가 충분한 것과 그렇지 않은 것이 혼재되어 있는 실정이다. 정보가 불충분한 사례에 대해서는 훗날 상세한 정보를 통해 보완되기를 바라며, 현 시점에서 정보가 충분히 있는 경우에도 앞으로 더욱 상세한 검증을 통해 새로운 사실이 알려지기를 기대한다. 노벨재단이 공표하는 선발 과정에 대한 보고 문서와 각국에서 출판되고 있는 노벨과학상 관련 자료에 충분한 시간과 비용 등을 투입하여 연구 대상으로서 전문성을 가지고 분석되기를 기대한다.

이러한 사례에서 보면, 과거 노벨과학상 후보로 올랐으나 수상하지 못한 일본인을 크게 두 그룹으로 나눌 수 있다. 하나는 연구 업적이 국제적으로 높이 평가를 받았고 폭넓게 인지되었으나 수상에 이르지 못한 그룹과 다른 하나는 높은 연구 업적을 이루었으나 그 평가나 인지도가 국내 및 관련 학회에 머무른 경우이다. 첫 번째 그룹에 속한 사례에 관해서는 정보가 풍부하고 수상에 이르지 못한 이유와 배경 등에 대해 상세한 검토가 이루어지고 있지만, 두 번째 그룹에 대해서는 노벨상 후보로 추천됐다는 정도의 내용에 머무르고 있는 경우가 많다.

이 두 그룹 사이에 나타난 특징적인 차이는 추천인이 세계 최고 수준의 외국 연구자가 추천인으로서 포함되었는지 혹은 일본 국내에 치우쳤는지의 차이이다. 첫 번째 그룹에 속하는 후보자는 기타사도 시바사부로, 노구치 히데요, 스즈키 우메타로, 야마기와 가쯔사부로 등 4명이 전형적인 예이다. 이에 대해서는 표의 상단에 표시했다. 한편 표의 하단에는 일본 국내 지인(知人)의 추천이 많았던 사례를 표시했다. "幻像의 노벨과학상"의 전형적인 사례인 네 명의 후보에 대한 특징적인 이유와 배경에 대해 정리해 보자.

① 기타자토 시바사부로

기타자토 시바사부로(1853년~1931년)는 세계적인 세균학자인 Robert Koch박사를 스승으로 두었으며, 치밀한 실험 계획을 세우고 연구에 몰두하여 '파상풍의 순수 배양'과 '세균 독소의 발견'이라는 독창적인 연구 업적을 이루었다. 세계 최초로 파상풍의 혈청 요법, 즉 면역 혈청 요법을 창시했다. 이러한 업적으로 Koch박사의 전폭적인 신뢰를 얻었으며 일본에 귀국하여 일본 국내의 전염병 연구에 역사적인 공헌을 했다.

이와 같이 빛나는 업적을 낸 기타자토가 일본 최초의 노벨상 후보로 된 데 대해 많은 이야기가 있다. 기타자토가 노벨과학상 후보로 추천된 해가 1901년으로 노벨상 첫 해였다는 특별한 이유가 있었고, 또한 최초의 노벨생리학·의학상 수상자 결정 과정에 불합리한 사실이 있었기 때문이다. 최초의 노벨생리학·의학상(1901년) 후보자는 기타자토를 포함해 46명이었으며, 심사위원회는 기타자토를 포함해서 후보자를 15명으로 좁혔다. 그러나 스톡홀름의 Karolinska연구소의 교수회는 일차 심사에서 누락된 Emil Adolf von Behring을 최종 수상자로 결정했다. 그의 연구 내용은 "디프테리아의 혈청 요법"이었다. 이러한 결정 과정도 이해하기 어려웠지만, 연구 업적에 대해서도 말이 많았다. 그것은 그 연구가 Koch연구실에서 기타자토와 Behring이 공동으로 연구하여 1890년에 발표한 "디프테리아와 파상풍의 동물 실험에 의한 면역성의 성립"이었으며, 그 연구도 기타자토가 지도적인 역할을 했다는 것이다. Behring 자신도 자신의 연구가 단시일 내에 성공할 수 있었던 것은 기타자토의 선구적 연구와 협력 덕분이라고 강조했다고 한다.

이러한 사실로 인해 기타자토가 노벨상을 수상하지 못한 아쉬움이 아직까지도 일본에 남아 있다. 일본에 거주하고 있는 저자도 공감하는 부분도 있지만, Behring이 단독 수상한 이유에 대해 좀 더 큰 관심을 가지고 있다. 저자는 Behring이 수상하고 기타자토가 수상하지 못한 데에는 나름의 이유와 배경이 있었다고 생각한다. 그것은 당시 사회 배경과 명확한 연구 업적이라는 두 가지로 요약할 수 있다. 그 당시 사회 배경에서 보면, Behring이 수상한 디프테리아는 당시 심각한 소아병이었으며, 유럽에서 매우 유행하고 있었다. 이 사실 때문에 그의 업적은 사회적 요구가 컸던 것이다. 그리고 명확한 연구 업적의 면에서 보면, 면역 혈청 요법의 기초적 연구는 기타자토와 함께했지만 주(主)된 연구인 디프테리아의 혈청에 의한 인체 치료는 단독으로 하여 성공하였다. 또한 그는 단독으로 디프테리아 혈청 요법을 발표했으며, 디프테리아 항독소를 시장화(市場化)하는 등 이 분야의 제일인자로서의 인지도를 높혔다. Behring의 노벨과학상 단독 수상은 이러한 배경과 실적을 바탕으로 얻어진 결과이다.

한편 기타자토는 계속 기초연구를 하고 논문도 냈는데 일본 국내에서 기타자토의 그러한 연구 업적은 대부분 간과되었고, 노벨과학상 수상을 위한 효과적인 대책도 취하지 않았다. 그리고 Karolinska연구소와 노벨재단도 제1회 노벨상 수상자로 극동의 나라에서 온 유학생을 뽑는다는 것은 처음부터 생각하지 않았을 것으로 보여, 공동 수상이라는 선택을 고려하지 않았다는 분석도 있다.

기타자토가 노벨과학상을 수상하지 못한 이유를 한마디로 표현하면, 노벨과학상 위원회를 비롯해 국제적으로나 일본 국내적으로도 그의 업적에 대한 평가가 너무 낮았기 때문이었다고 말할 수 있다.

② 노구치 히데요

기타자토보다 더 노벨과학상에 근접했던 일본인 과학자는 노구치 히데요(1876~1928년)였다는 의견이 지금도 일본에서 강하게 나오고 있다. 그것은 노구치가 1913년에 최초로 노벨과학상 후보 명단에 올랐고, 그 후에도 9차례에 걸쳐 총 24명(같은 인물이 4번이나 추천한 것을 포함해서 추천자 24명 중 17명은 외국인 연구자, 4명은 일본인 연구자였다)의 세계 최상급 연구자로부터 추천을 받았기 때문이다. 그 당시 일본인 연구자가 해외 연구자로부터 그처럼 높은 평가를 받았던 것은 기적이라고 할 수 있다. 2012년 노벨생리학·의학상 수상자인 야마나카 신야박사처럼 노구치도 해외에서 세계적인 상을 많이 수상하였다. 노구치는 말하자면, 그 분야에서 가장 유력한 수상후보였던 것이다.

노구치는 고등소학교(高等小學校, 1886~1940년에 존재했던 초등 교육 과정과 중등 교육 과정 사이의 학교로서 10~14세를 대상으로 교육) 졸업이라는 학력과 두 살 때 입은 왼손 화상의 장애를 가졌으면서도 세계 최고의 세균학자가 된 사람이다. 노구치는 기타자토 시바사부로의 전염병연구소에서 연구 생활을 시작하였으며, 미국 유학 덕분에 연구의 꽃을 피웠다. 노구치가 세계적인 세균학자로서 정상에 오르게 된 계기는 1913년 마비성 치매 환자의 뇌와 척수에서 매독 스피로헤타를 발견했을 때부터이다. 황열병균의 발견이나 매독 스피로헤타 등의 세균연구자로서 세계적으로 활약한 노구치는 몇 번이나 노벨과학상 수상 기회가 있었지만 결국 수상 결정 통지를 받지 못하고 아프리카에서 황열병을 연구하던 중에 사망했다.

노구치가 노벨과학상을 놓친 데에는 기타자토와는 분명 다른 이유와 배경이 있었다. 제1차 세계 대전(1914년~1918년) 때문에 노벨생리학·의학상 분야는 1915년부터 1918년까지 4년의 공백 기간이 있었는데, 노구치가 교전국인 일본인이었기 때문에 중립국 스웨덴이 노구치를 노벨상 후보자로서 기피할 것을 예감했고 결국 그의 예감이 현실화된 것이다. 이런 면에서 볼 때, 노구치의 수상 가능성이 가장 높았던 해는 1915년이었다. 노벨상 수상은 개인의 노력의 범주를 넘어 세계 정세와 역사적 현실이 장애가 될 수 있음을 보여 준 사례였다.

아울러, 시대적 배경도 있었다. 노구치가 세균학자로서 활약하던 시대는 독일의 Koch, 프랑스의 Louis Pasteur를 중심으로 병리 세균의 발견에 치열한 경쟁이 벌어지고 있었던 시기였다. 광학 현미경을 시용하여 난치병이나 발견하지 못했던 바이러스 병원체 등과 격투를 벌이던 시대였다. 그러한 세계적 경쟁 시대에 도전을 한 노구치는 많은 업적을 남겼지만 일부 과오도 있었다. 매독의 병원체나 소아마비, 광견병 등의 병원 세균의 순수 배양에는 성공했지만 추가로 필요한 시험이 성공되지 못했고, 오늘날 병원체는 바이러스로 알려진 바와 같이 노구치의 발견에는 일부 오류가 있었다. 또한 남미 에콰도르에서 황열병의 병원균을 발견했다는 것은 실수였다.

　이런 사실로 미루어 볼 때, 노구치의 업적을 신뢰하는 데는 시간이 필요했다. 그리고 그 과정에 노구치가 사망하면서 노벨과학상을 수상할 수 있는 기회가 박탈되었다. 이는 노구치의 연구 업적에 대한 의심이 아니라 Paradigm Shift를 맞았던 병리 세균학 전체에 대한 시대의 흐름이었던 것이다. 노구치가 노벨과학상을 못 받은 이유를 한마디로 말하자면 "시대의 농락"이라고 할 수 있다.

③ 야마기와 가쯔사부로

　야마기와 가쯔사부로(1899년~1993년)는 1915년에 토끼의 귀에 타르 칠을 하고 암을 발생시키는 데 성공했다. 타르암의 발상은 유럽에서 다발하고 있던 굴뚝 청소부의 음낭암에서 시작되었다고 한다. 토끼 귀에 타르 칠을 한 실험을 시작한 1913년은 나중에 노벨생리학·의학상을 수상한 덴마크의 Johannes Andreas Grib Fibiger가 바퀴벌레의 기생충이 그 바퀴벌레를 먹은 쥐의 위에서 암을 발생시키는 데 성공한 해였다. 인공암의 발생이었다. 야마기와의 타르암 발생은 이 성과에 자극받았다는 의견이 있다. 그러나 1952년, Fibriger의 인공암의 발생은 잘못 되었다는 연구가 발표되었고, 이로 인해 이 시상은 "노벨상의 3대

과오" 중의 하나로 불리게 되었다.

한편 야마기와의 타르암 발생은 일본 국내외에서 추가 시험을 거쳐 확인되었다. 야마기와는 1925년에 노벨과학상 후보로 일본 국내 학자에 의해 처음 추천되었으며, 그 다음해인 1926년에는 독일의 Freiburg 대학 교수로부터 추천을 받았다. 이 독일 과학자는 1925년에 일본병리학회 초청으로 일본을 방문하였으며, 야마기와의 인공암을 접하고 깊은 인상을 가지고 귀국했다고 한다. 그가 1926년에 야마기와를 추천한 것은 야마기와의 연구 성과를 인정했기 때문이다. 이러한 아카데믹한 외교를 당시 일본은 학회 전체 차원에서 한 것인데, 그 효과가 있었다고 생각한다.

1926년의 노벨과학상의 선발과정에서 야마기와는 최종 후보로 올라갔지만, 결국 Fibriger가 수상자로 선발되었다. Originality, 즉 독창성이 인정되었기 때문으로 평가된다. 그러나 그 당시에는 물론, 그 이후에도 일본의 학회는 야마기와가 노벨과학상을 못 받은 일에 낙담해서 "야마기와는 일본인이라서 차별을 받은 것"이라고 생각하였다. 기타사토 시바사부로의 경우를 포함해 노벨 정신에 관한 나쁜 소문이 통하던 시대였다.

Fibriger의 공적은 노벨과학상위원회의 과오였음이 시상 후 40년이 경과되면서 판명되었으나 노벨과학상을 시상했던 그 당시는 수상자로서의 공적이 명백하였다. 그 당시의 관점에서 보면, 야마기와가 노벨과학상을 놓친 이유는 "Originality경쟁"에서 Fibriger에 밀렸기 때문이라고 생각된다.

④ 스즈키 우메타로

스즈키 우메타로(1874년~1943년)가 노벨과학상을 놓친 이유와 배경은 위에서 설명한 세 명의 경우와 판이하게 다르다. 스즈키는 일본인의 체격이 서양인에 비해 빈약한 것에 의문을 품고 그것이 쌀 중심의 일본 음식에 원인이 있다고 보고 연구를 진행한 결과, 오리자닌(Vitamin B1)을 발견하였다. 스즈키는 쌀겨에서 나온 추출물을 각기병 증상이 있던 닭과 비둘기에 주고 효과가 있는 것을 확인했다. 그리고 오리자닌에 관한 논문을 발표(1911년)한 직후인 1914년에 독일의 대학교수부터 노벨 생리·의학상 후보로 추천을 받았다. 그러나 수상에는 이르지 못했고, 1927년과 1936년 두 차례 노벨 화학상 후보로 추천되었다.

스즈키가 노벨과학상을 놓친 원인은 임상 실험을 하지 못한 것에 기인한다고 알려져 있다. 스즈키가 발견한 오리자닌이 인간의 각기병에 효과가 있는지를 확인하기 위해서는 임상 실험은 필수 과정으로 절대로 빼놓을 수 없는 것이었다. 그러기 위해서는 의사의 협력이 필요했지만, 스즈키가 근무하던 도쿄대학 의대는 농대의 스즈키에게 비협조적이었다. 일부 협력적인 의사도 있었지만 방해가 많아 임상 실험 결과를 논문에 발표하지도 못하고 말았다. 그 배경은 당시 "각기병은 전염병"으로 잘못된 인식을 가지고 있던 도쿄대학 의학부에 있었다. 이 때문에 스즈키의 발견을 부정하여 노벨과학상 수상을 견제하려 했다. 농학부와 의학부 간에는 커다란 틈이 있었고, 학부를 초월한 협력 관계가 실현되지 않았다.

스즈키가 노벨과학상을 놓친 이유를 한마디로 표현하면, 같은 대학교 내의 파벌이 비협조적인 분위기를 만들었을 뿐만 아니라 연구 협조까지 막는 바람에 실증 실험을 하지 못한 데 있다고 할 수 있다.

기타자토 시바사부로, 노구치 히데요, 스즈키 우메타로, 야마기와 가쯔사부로 등 네 명의 사례와는 별도로 노벨과학상 후보로 추천은 되었으나 수상에 이르지 못한 사례가 일본에는 많이 있다. 이들의 공통점은 추천자가 일본 국내 대학 관계자에 편중하여 서로 아는 사이였고, 추천·피추천자 사이에 사제 관계나 교우 관계가 형성되어 있었던 것이 영향을 주었다. 노벨과학상 후보자가 세계적인 관점과 수준이라는 엄격함과 냉철함을 가지고 추천되었는지에 대해 의문이 제기되는 부분이다. 이와 같이 노벨과학상 후보로 추천된 연구자가 노벨과학상 선발위원회나 노벨재단에서 어느 정도 평가되었는지에 대해서는 엄격하게 고려되어야 할 요인이라고 생각한다.

▶ 일본인의 꿈에 그친 노벨과학상의 배경

노벨과학상을 놓친 일본인의 사례에서 보는 바와 같이 상을 놓친 이유에 대해 여러 가지를 살펴볼 수 있다. 일본인이 노벨과학상을 놓친 이유와 배경을 요약하면, 다음과 같이 다섯 가지로 정리할 수 있다.

(1) 업적이 과소 평가되고 정당하게 평가되지 않은 경우(기타자토 시바사 부로의 사례)

(2) 시대 배경의 영향으로 업적이 보류된 경우(노구치 히데요의 사례)

(3) Originality(First One)에서 앞서지 못한 경우(야마기와 가쯔사부로의 사례)

(4) 연구자들의 비협조와 견제 등 인적 방해로 새로운 발견이 실증까지 연결되지 못한 경우(스즈키 우메타로의 사례)

(5) 추천자의 영향력 부족으로 정당한 평가를 받지 못한 경우(상기 네 명 이외의 사례)

위에 열거한 다섯 가지의 사례로부터 배워야 할 것과 그 대응책에 대해 다음과 같이 그 요점을 정리해 본다.

(1) 업적이 과소 평가되어 정당하게 평가되지 않은 경우

• 선구적인 업적은 논문으로 신속하고 폭넓게 공표하고 효과적으로 어필한다.

• 사회의 수요(Needs)와 영향력(Impact)을 중시하여 전문 분야와 연구 주제를 선정한다.

• 이론과 실증을 중시한다.

(2) 시대 배경의 영향으로 업적이 보류된 경우

• 노벨상 정신에 어긋나는 행위는 피하고, 그런 행위에 반대하는 뜻을 명백히 한다.

• 전문 분야의 State-of-the-art를 제대로 파악하고 전략적으로 전문 분야와 연구 테마를 선택한다.

(3) Originality(First One)에서 앞서지 못한 경우
- 누구보다도 빨리 논문을 발표해 Originality를 확보한다.

(4) 연구자들의 비협조와 견제 등 인적 방해로 새로운 발견이 실증까지 이르지 못한 경우
- 연구 발전을 위해 연구자 자신이 높은 의식을 가지고 연구함과 동시에 인적 네트워크(Human Network)를 확충한다.
- 연구 환경을 충실하게 하고, 협조 풍토 조성을 위한 제도적 지원을 한다.

(5) 추천자의 영향력 부족으로 정당한 평가를 받지 못한 경우
- 국제적으로 영향력이 있는 추천자와 네트워크 확충을 위해 노력한다.
- 최고 수준의 질 좋은 추천 실적을 만들어 노벨상 위원으로부터 신뢰를 얻는다.

이상이 노벨과학상 후보로 선정되었으나 노벨과학상을 받지 못한 일본인의 사례에서 볼 수 있는 교훈이라고 생각한다. 그러나 여기에 세 가지 요소를 추가하고자 한다. 그것은 '일본이라는 나라의 인지도', '연구자 개인의 의식과 지명도' 그리고 '과학에 대한 사회의 관심도'의 중요성과 그 실상에 관한 것이다. 노벨과학상을 놓친 그 당시의 일본은 이러한 세 가지 조건을 충분히 충족하지 못하였다.

⑹ 일본에 대한 해외의 인지도 부족

⑺ 연구자 본인의 의식 수준이나 지명도가 국제적으로 충분히 높지
않음

⑻ 학회를 포함한 일본 사회가 과학이나 노벨상에 대해 관심과 활동
이 충분하지 않았음

기타자토 시바사부로나 야마기와 가쯔사부로의 사례에서 볼 수 있
듯이 개인의 활약과 업적이 매우 뛰어나고 세계적인 평가를 받았어도,
북유럽 스웨덴에서 운영하는 노벨상 제도에서는 극동 아시아의 작은
나라인 일본에 대해 인지도가 낮았고 평가도 높지 못했던 시대였다.
시대적으로 일본인 과학자에게는 불리했다고 볼 수 있다. 그러나 이러
한 문제는 시간이 지나면서 자연스레 해결되는 것이다. 국민과 국가
의 노력으로 세계가 그 나라를 인지하고 높은 평가를 받는 것은 가능하
고, 일본의 경우는 이미 현실이 되었다.

다음은 연구자 개인의 의식과 지명도에 대해 생각해 보자. 과학이나
연구 세계는 과거나 지금이나 장래에도 열린 경쟁 사회이며 국제 무대
에서 일어나고 있다는 특성이 있다. 그리고 그 국제 사회는 생각 이상
으로 엄격하며, 수준 높은 사람들이 무수히 있음을 인식해야 한다. 그
리고 그중에서 특별한 한 사람을 고르는 과정은 대단한 일임을 진심으
로 인식해야 한다. 세계 최고의 업적을 내는 노력, 폭넓은 인간 관계,
매우 높은 통찰력 등을 갖추고, 이를 철저히 체질화해야 한다. 세계적
인 지명도를 높이는 것은 노벨과학상 수상의 전제 조건이 된다.

노벨과학상을 놓친 일본인은 모두 뛰어난 사람이었다. 그러나 그들이 노벨과학상은 받지 못한 이유를 살펴보고, 이를 교훈으로 삼을 필요가 있다. 또 하나는 기타자토 시바사부로의 경우, 학계와 사회가 노벨과학상에 관심을 가지고 조치를 취했다면 기타자토의 노벨과학상은 어떤 결과를 가져왔을까? 하지만 당시 일본 사회와 의학계는 어느 한 사람의 연구 실적과 논문보다는 국내에 당면했던 병이나 열악한 의료 환경 등에 관심이 많았고, 노벨과학상에 대해서는 그다지 높은 관심을 갖고 있지 않았다. 학회가 사회를 견인했다고도 생각되지 않는다. 노벨과학상에 관심이 없던 시대 상황이 상을 놓친 주된 원인이 된 것으로 보인다.

마지막으로 노벨과학상을 아깝게 놓친 일본인에 대해 검증하면서 깨달은 것을 정리하고자 한다. 우선 노벨과학상 "후보"에 대해 검토해 본다. 노벨과학상 후보에는 몇 가지 종류가 있다. 먼저 자칭·타칭의 후보인데, 이 후보는 노벨재단과는 아무런 관계가 없다. 그러나 이 후보 중에도 과학적으로 매우 큰 발견을 한 경우가 있으므로 관계없다고 해서 과소평가를 해서는 안 된다. 다음에는 노벨재단의 노벨과학상 수상자 선정 과정에서 정식으로 의뢰한 추천자로부터 추천된 후보이다. 이 후보는 충분한 과학적 업적이 있고 신뢰가 높은 과학자가 추천하는 후보이다. 또 하나의 유형은 추천자의 추천을 받아 집계된 피추천자 중에서 심사에 오른 사람들이다. 최종 선발까지 올라간 사람들 중에서 충분한 조사와 심사를 거쳐 수상자가 결정된다. 앞에서 설명한 노벨과학상을 놓친 일본인 후보는 두 번째와 세 번째 유형의 후보들이다. 이 중에는 최종 선발까지 남았지만, 노벨과학상을 놓친 과학자가 몇 명 있었음은 이미 설명했다.

또 하나 노벨과학상 "후보"에 대해 지적할 것은, 이에 대해서는 뒤의 [❷일본인 노벨과학상 수상자]에서 자세히 설명하겠지만, 노벨과학상은 한번 후보가 됐다고 해서 수상할 수 있는 상이 아니라는 것이다. 수상자 중에는 몇 년에 걸쳐 몇 번이나 세계적인 과학자의 추천을 받아 노벨과학상을 수상한 경우도 있다. 한두 번 추천을 받아 후보 명단에 오른다고 해서 노벨과학상을 수상할 것이라고 생각하는 것은 성급한 생각이다. 일본의 첫 노벨과학상 수상자인 유카와 히데키의 경우는 14년, 그리고 물질의 근원과 우주 탄생의 수수께끼에 다가서는 이론으로 알려진 남부 요이치로의 경우는 약 반세기 걸려서 수상했다. 이들은 해마다 후보가 되었으면서도 수상하지 못했던 그 기간 중에도 세계 톱 레벨의 과학자로서 꾸준히 연구를 계속하였다.

일본인 수상자 전원이 이러한 자세를 보였지만, 이는 일본인 과학자에 한정되지 않는다고 생각한다. 과학자에게 요구되는 것은 진리의 탐구이며, 노벨과학상은 그 노력의 결과로 주어지는 것이라는 것이 노벨과학상의 본질임을 이해해야 한다. 더구나 후보로 오르면서도 상을 받지 못했다고 해서 노벨재단에 민원을 제기하는 것은 잘못된 생각이다. 최근 일본인에게 노벨과학상 수상자가 속출하는 배경에는 일본인 특유의 인내심과 사회적 문화의 영향도 있다고 보는 시각은 그리 과도한 편견만은 아닌 것 같다.

▶ 노벨과학상 후보의 일본인 추천자

일본인 연구자의 노벨과학상 후보로서의 활약과 함께 노벨과학상 후보를 추천한 일본인도 다수 있었다. 일본의 대학에 노벨물리학상과 노벨화학상에 대한 후보 추천 의뢰가 처음 온 것은 러 · 일 전쟁이 끝난 1905년이다. 그 후 노벨생리학 · 의학상 분야를 포함하여 다수의 일본인 대학 교수가 추천자가 되었다. 노벨상위원회는 수상 후보자로 새롭게 이름이 등재되면 그 후보자의 주변, 즉 후보자가 소속한 대학 등의 기관이나 주변 기관에 의뢰서를 보낸다. 의뢰서를 받은 사람이 어떤 기준으로 후보를 추천하는지는 개인의 소관 사항이다. 그중에는 전술한 것처럼 추천인 · 피추천인의 관계가 사제 또는 교우 관계도 있을 수는 있으나, 이러한 관계만을 가지고 추천자로 선정되어 계속 추천 의뢰가 오는 것은 아니다.

2차 세계 대전 이전부터 노벨상 위원과 스웨덴 과학아카데미 회원은 아니었지만, 20년 이상 추천 의뢰를 받았던 일본인 과학자가 있었다. 일본의 소립자 물리학의 원류인 니시나 요시오의 스승인 나가오카 한타로(1865년~1950년, 도쿄 제국대학 · 이화학연구소 · 오사카 제국대학)이다. 나가오카는 정전하(正電荷)를 가진 큰 입자를 중심으로 원주 위에 부(負)의 전하를 가진 다수의 입자가 등간격으로 배열되는 이른 바 "토성형 원자모형"(1903년)을 발안(發案)한 것으로 유명하다. 나가오카가 추천한 후보자 중에 1912년에 Heike Kamerlingh Onnes, 1929년에 Wrener Karl Heisenberg과 Erwin Schroedinger이 노벨물리학상을 수상했다.

그리고 1930년부터 1950년까지 나가오카는 노벨과학상 후보를 추천해 왔다. 나가오카가 추천한 사람들은 모두 노벨과학상 수상자가 되었는데, 이에 대해 주목해야 할 사실이 있다. 나가오카는 좀처럼 일본인을 추천하지 않았는데, 1939년에 처음이자 마지막으로 유카와 히데키를 추천하였다는 점이다. 나가오카가 추천한 단 한 사람의 일본인 과학자인 유카와는 1949년에 일본인으로서 최초로 노벨과학상을 수상했다. 나가오카가 추천을 시작한 지 10년 후의 일이었다.

나가오카는 물리학자로서 세계에서 높은 평가를 받은 과학자이며, 일본에 서양식의 과학과 물리학을 도입한 인물이다. 나가오카는 서양 문명에 대한 경쟁 의식이 강했고, 물리학의 연구에 몰두하였으며 후진 육성에도 많은 노력을 하였다. 나가오카는 과학의 특성을 순수하게 파악했으며 높은 기준을 가지고 있었고, 타인의 연구에 대해서는 과학적 판단에만 의존하여 엄격한 평가를 한 연구자였다. 나가오카는 철저히 실적 평가만으로 후보자를 추천하였다. 그래서 통상적으로는 자국인을 추천하는 경향이 강한 것이 일반적인데도 불구하고, 나가오카가 추천한 과학자 가운데 일본인은 오로지 유카와뿐이었다. 노벨재단도 인정한 나가오카의 이러한 평가 안목과 엄격한 면은 일본과 일본인과의 접촉이 매우 제한적이었던 그 당시로서는 나가오카 개인뿐 아니라 일본인에 대한 신뢰로 이어졌다고 볼 수 있다.

나가오카는 최초의 추천장에서 일본의 과학은 아직 요람기에 있어 일본인을 추천하지 못한 것이 유감이지만, 다음 세대에서는 일본인 수상자가 나올 것이라는 희망을 언급했다. 그리고 1949년에 그 희망이 실현되었다. 나가오카는 유카와를 추천한 편지에서 처음으로 자신감을 가지고 일본인을 추천할 수 있다고 하였다. 다음에 설명하겠지만, 나가오카와 같은 인물들이 메이지 시대부터 쇼와 시대에 걸친 사반세기 동안 일본의 과학의 성장을 견인해 왔기 때문에 오늘날 일본에서 다수의 노벨과학상 수상자가 배출되고 있다고 할 수 있다. 나가오카의 우수한 과학자 정신이 노벨과학상위원회뿐만 아니라 세계의 과학자로부터 높은 평가를 받았고, 일본의 과학과 과학자에 대한 평가를 높이는 데 기여했다고 볼 수 있다.

나가오카의 사례에서 보는 바와 같이 노벨과학상 후보 추천자로 선택되는 과학자는 업적, 지명도, 과학자 정신 등을 포함한 모든 면에서 세계 최고의 수준을 유지해야 하며, 노벨상 정신을 공유하는 대표적인 과학자가 되어야 한다.

❷ 일본인 노벨과학상 수상자

2014년 말까지 일본인 노벨과학상 수상자는 19명(미국 국적인 남부 요이치로와 나카무라 슈지를 포함)이며, 이는 세계 5위에 해당한다. 1901년 노벨상이 시작된 해에 기타자토 시바사부로가 일본인 최초로 노벨과학상 후보에 올랐지만 아깝게 수상을 놓친 지 50년이 지난 1949년에 첫 일본인 수상자가 나왔다. 그 후 16년 만에 두 번째 수상자가 나오고 8년 후에는 세 번째 수상자가 나왔으며, 이후 계속해서 노벨과학상 수상자가 배출되었다. 더블 수상도 두 번 있었고(2002년과 2010년), 트리플 수상으로 물리학 분야를 차지한 해가 두 번(2008년과 2014년), 네 명의 수상자가 나온 해(2008년)도 있었다. 수상 분야는 물리학, 화학, 생리학·의학 등 자연 과학 분야 모두에 걸쳐 있다.

일본인 노벨과학상 수상자 19명은 다음과 같다.

① **유카와 히데키** (물리학상, 1949년): 원자핵 내부에 작용하는 힘인 핵력(核力)의 원천이 미지의 소립자인 중간자에 있는 것을 밝혀 냈다.

② **도모나가 신이치로** (물리학상, 1965년): 새로운 수학 이론을 제창하여 양자 전자 역학을 발전시켰다.

③ **에사키 레오나** (물리학상, 1973년): 터널 효과를 이용해 에사키 다이오드를 발명했다.

④ **후쿠이 겐이치** (화학상, 1981년): 프런티어 전자 이론으로 유기 화학 반응 이론에 새로운 국면을 열었다.

⑤ **도네가와 스스무** (생리학·의학상, 1987년): 생체의 면역 현상을 유전자 수준에서 해명하여 생명 공학, 의학의 진보에 공헌했다.

⑥ **시라카와 히데키** (화학상, 2000년): 전기가 통하는 플라스틱을 발견하여 실용화에 성공했다.

⑦ **노요리 료지** (화학상, 2001년): 유기 화학 분야에서 부재(不齋) 합성 반응의 새로운 분야를 개척했다.

⑧ **고시바 마사토시** (물리학상, 2002년): 우주에서 발생한 소립자 뉴트리노를 관측함으로써 우주의 수수께끼를 해명하는 뉴트리노 천문

학을 열었다.

⑨ **다나카 고이치** (화학상, 2002년): 단백질 등 생체 고분자의 질량 및 입체 구조를 해석하는 방법을 개발했다.

⑩ **남부 요이치로** (물리학상, 2008년): 소립자 물리학과 핵 물리학에 있어서 자발적 대칭성이 파괴되는 현상을 발견했다.

⑪ **고바야시 마코토** (물리학상, 2008년): 쿼크가 자연계에서 최소 3세대 이상 존재하는 것을 예측하는 "CP대칭성의 파괴" 이론을 발견했다.

⑫ **마스카와 도시히데** (물리학상, 2008년): 쿼크가 자연계에서 최소 3세대 이상 존재하는 것을 예측하는 "CP대칭성의 파괴" 이론을 발견했다.

⑬ **시모무라 오사무** (화학상, 2008년): 녹색 형광 단백질 GFP를 발견하고 개발했다.

⑭ **네기시 에이이치** (화학상, 2010년): 유기 합성에 의한 팔라듐 촉매 크로스 커퍼링을 개발했다.

⑮ **스즈키 아키라** (화학상, 2010년): 유기 합성에 의한 팔라듐 촉매 크로스 커퍼링을 개발했다.

⑯ **야마나카 신야** (생리학·의학상, 2012년): 다양한 세포로 성장하는 능력을 가진 iPS세포를 최초로 만들었다.

⑰ **아카사키 이사무** (물리학상, 2014년): 고휘도 저전력 백색 광원을 가능하게 한 청색 발광 다이오드의 발명했다.

⑱ **아마노 히로시** (물리학상, 2014년): 고휘도 저전력 백색 광원을 가능하게 한 청색 발광 다이오드의 발명했다.

⑲ **나카무라 슈지** (물리학상, 2014년): 고휘도 저전력 백색 광원을 가능
하게 한 청색 발광 다이오드의 발명했다.

이와 같이 일본인 노벨과학상 수상자가 19명이나 배출된 것은 일본
의 기초과학 수준이 세계 톱 클래스로 평가받고 있음을 나타낸다. 다
음에 자세히 설명하겠지만, 과거 일본은 기초과학의 발전에 공헌하지
않고 구미의 기초과학을 활용하여 산업을 발전시킨 '기초과학 무임승
차 국가'라는 비난을 받은 때가 있었으며, 오랜 기간 일본은 기초과학
이 약하다고 알려졌다. 그러나 이러한 평가는 일본이 19명의 노벨과학
상을 수상함으로써 불식시켰으며 일본의 과학이 세계 최고 수준에 있
다는 것을 입증했다고 볼 수 있다. 일본의 기초과학이 높게 평가받는
배경이 무엇인지를 분석하는 것은 상당히 의미가 있으며 사실에 입각
한 분석이 필요하다.

따라서 이 책에서는 일본인 노벨과학상의 수상 배경과 그 이유를 분
석하고자 한다. 이를 위해 수상자에 관한 다수의 간행물을 참고하여 요
인을 분석하고 정리했다. [부록. 표2] 노벨과학상 분야별로 수상자 이름
과 수상 이유, 연구 업적을 표에 정리했으며, 연구 업적은 이론과 실험으
로 구분했다. 이론의 경우에는 발표한 연도와 실험 등으로 확인되었거나
증명된 연도를 게재했다. 실험이란 발명·발견·증명 등을 말하는데,
성공한 연도와 그 실험의 근거가 된 이론의 제창 연도를 게재했다. 물리
학의 세계에는 흔히 있는 일이지만, 이론으로 예상했던 것을 실험으로
증명하며 이론과 실험의 공헌자가 노벨과학상 수상자가 되기 때문이다.

2014년도에 일본 과학기술자가 노벨 물리학상을 독점했지만, 그 내용을 보면 위의 설명과 조금 다른 경향을 볼 수 있다. 그것은 수상 대상이 된 발광 다이오드(LED)의 아이디어와 그것을 증명하는 첫개발은 1960년대에 이미 이루어지고 있었지만, 이것들을 실현한 과학기술자는 수상 대상이 되지 않고, 그 후 청색 LED 기술 실용화에 공헌한 세 명에게만 시상했기 때문이다. 산업에 미치는 커다란 영향을 중시한 결과라고 말할 수 있다. 그러나 이 경우에도 기본적인 이론을 바탕으로 실험을 통해 실용화를 위한 기술을 완성시킨 것임에 틀림없다. 이 때문에 세 명의 수상도 이론에 대한 실험(실용화를 위함)으로 분류하기로 했다. 이러한 수상은 해외에서 보이는 것이지만, 일본인이 해당한 것은 일본인의 수상 경향으로 흥미로운 사례라고 보는 것이다.

아울러 수상자의 학력·경력과 박사 학위 취득 대학 등도 게재했다. 이는 노벨과학상이 개인에게 주어지는 상이지만, 수상자 혼자만의 노력으로 이루어지는 것이 아니라 수상에 이르기까지 공헌한 많은 관계자가 있기 때문이며, 수상자의 인적 관계 및 환경 등이 노벨과학상 수상의 원천이기도 하기 때문이다.

다음은 물리학 분야에서 노벨과학상을 받은 10명의 일본인 수상자에 대해 개별적으로 기술한 것이다.

① 유카와 히데키

유카와 히데키(1907년~1981년)는 원자핵 내부에 작용하는 힘인 핵력(核

力)의 원천이 미지의 소립자인 중간자에 있는 것, 즉 중간자의 존재를 알리는 양자론을 발전시킨 업적으로 노벨과학상을 수상한 최초의 일본인이다. 이것은 소립자의 존재와 성질을 추구하는 소립자론의 시작이며, 1934년에 일본어, 1935년에 영어로 논문을 발표했다. 그러나 이 발표는 일부만 인정되었고, Nature지에서도 게재를 거부당했다. 1937년 미국의 물리학자 C.D.Anderson(1936년 노벨물리학상 수상)이 전자와 양성자의 중간 질량을 가진 입자를 발견했으며, 같은 해에 이화학연구소의 니시나 요시오 그룹에 의해서도 그 존재가 실험으로 확인된 것이어서 그동안의 "유카와 입자"로 알려진 것이 "중간자"로 명명되었다. 이론을 처음 제창한 때로부터 불과 2년째의 일이다.

1930년부터 노벨과학상 후보자의 추천자로서 높은 평가를 받고 있던 나가오카 한타로가 처음이자 마지막으로 일본인을 노벨과학상 후보로 추천했는데, 수상자로 확정된 것이다. 나가오카 이외에도 외국인 노벨과학상 수상자들이 유가와를 추천한 덕분에 1949년에 노벨물리학상을 수상하였다. 이론 제창으로부터 14년이 지난 일이었다.

유카와는 소년 시절부터 수재라고 불렸고, 월반하여 구제(舊制) 3高(현재의 교토대학)로 진학했다. 그 후 이화학연구소(理化學研究所)에서 일본의 물리학의 아버지라고 불리며 노벨과학상 후보로도 추천을 받은 나가오카 한타로와 일본의 소립자 물리학의 창시자인 니시나 요시오 등과 만나서 강렬한 자극과 함께 지도를 받게 되었다. 2차 대전 후에는 미국Princeton고등연구소와 Columbia대학 등에서 연구를 하였고, 귀국하여 교토대학에서 후진 양성과 연구를 계속했다.

유카와가 소년 시절이었던 1925년과 1926년은 상대성 이론과 양자 역학이 어느 정도 완성된 시대였다. 유카와가 노벨과학상을 수상한 배경에는 탁월한 재능과 함께 물리학이 획기적으로 도약한 시대적 환경이 좋았고, 연구 주제도 적절했던 데 있다. 그리고 나가오카와 니시나 등 당대 최고의 과학자와 동료 관계라는 인간 관계를 통해 최고의 교육과 지도를 받았으며, 유카와가 제창한 이론의 정당성이 실험으로 증명된 것 등을 들 수 있다.

② 도모나가 신이치로

도모나가 신이치로(1906년~1979년)는 양자 전자 역학 분야에서 기초연구로 노벨 물리학상을 수상했다. 20세기 물리학의 성과인 상대성 이론과 양자 역학을 정식화(定式化)시킨 "구리코미 이론"(Renormalization Theory)으로 노벨과학상을 수상하였다. 공동 수상자로 두 명의 미국인 물리학자가 있는데, 이들은 Renormalization Theory를 양자 전자 역학에서의 이론으로 확립시킨 과학자이다. 각각의 이론이나 연구가 동등하다고 인정되어 공동 수상자가 된 것이다. 도모나가가 이 이론을 제창한 지 16년 후의 일이다.

연약하고 병치레가 잦은 소년 시절을 보낸 도모나가는 교토대학에 진학하였다. 선천적으로 몸이 유약하였던 도모나가가 열등감에 사로잡혔을 때, 그에게 평생의 은사가 된 니시나 요시오를 만나게 되었다. 그리고 교토대학에서 유카와와 함께 나가오카 한타로의 추천으로 일본의 소립자 물리학의 창시자인 니시나 요시오의 연구실에 들어갔다. 물리학의 시대적 배경과 세계 최고의 물리학자들과의 만남에 있어 도모나가와 유카와는 같은 환경에 있었다. 도모나가는 당시 일본 최초의 이론 물리학자로 알려진 이시하라 준의 보고서를 학생 시절부터 애독하면서 유카와와 마찬가지로 최고 수준의 물리학 지식을 빠른 시기에 접하였다. 도모나가는 2차 대전 전에 독일로 유학을 가서 노벨물리학상 수상자인 Heisenberg에 사사했고, 전쟁 후는 유카와와 마찬가지로 Princeton대학의 고등연구소에서 연구를 했다.

그러나 도모나가를 활동성 있는 세계 소립자 물리학자로 이끌어 준 곳은 니시나 요시오가 있던 이화학연구소이다. 도모나가는 이곳을 "과학자의 자유로운 낙원(樂園)"이라고 불렀다. 거기에서 도모나가는 유카와의 연구를 도와 소립자론의 새로운 분야를 개척한 사카다 쇼오이치 등과도 함께 연구를 하였다. 도모나가가 노벨물리학상을 받은 배경에는 유카와와 마찬가지로 타고난 재능과 함께 물리학이 획기적으로 도약한 시대적 환경이 있었고, 연구 주제도 적절했다. 그리고 나가오카와 니시나 등 당대 최고의 과학자와 동료 관계라는 인간 관계를 통해 최고의 교육과 지도를 받았으며, 소립자 물리학의 획기적 발전에 기여한 것 등을 들 수 있다.

③ 에사키 레오나

에사키 레오나(1925년 출생)는 기업 출신의 노벨과학상 수상자이다. 반도체의 터널 효과와 초전도체의 실험적 발견을 통해 수상했다. 양자역학에서 말하는 터널 효과가 반도체에도 생성되는 것은 이미 예상된

현상이었지만, 에사키가 1957년에 세계 최초로 발견했다. 그 후 역시 기업에 근무하고 있었던 Ivar Giaever가 초전도체에서 터널 효과를 실험에서 최초로 측정하여 에사키와 공동 수상자가 되었다. 에사키의 노벨과학상 수상에도 유카와와 도모나가와 마찬가지로 사람과의 좋은 인연이 있었고, 전문 분야의 시대적 배경이 영향을 주었다.

즉, 에사키는 도쿄대학에 진학했을 고(高)에너지 물리학을 전공하려고 했지만 지도 교수인 사가내 료키치 교수(나가오카 한타로의 다섯째 아들)는 그것을 체념시키고 다른 분야를 지도하였다. 그 이유는 당시 이화학연구소의 입자 가속기가 2차 대전 후 GHQ(연합국 최고 사령관 총 사령부)에 의해 파괴되어 고에너지 물리학을 연구할 수 없는 상황에 있었기 때문이었다. 결국 에사키는 1947년에 진공관 제조 업체에 입사하여 열전자와 반도체 기술의 연구에 종사했다. 당시는 트랜지스터(Transistor) 원년으로 불리던 시대였으며, 전자 소자의 주류였던 진공관 시대에서 Trasister 시대로 넘어가는 때였다. Transister는 그 후 집적 회로(IC), 대규모 집적 회로(LSI)와 초LSI의 실현으로 연결되었다.

에사키는 기업에서 이러한 전자 시대의 흐름과 함께 걷게 되었다. 우선 SONY에서 터널 효과를 발견하고(1957년), IBM Watson Lab.에서 또 하나의 노벨상급으로 보는 반도체 초격자 이론(1970년)을 발표했다. 에사키는 SONY 시대에 이부카 다이와 모리타 아키오라는 SONY 창설자의 열의를 목격했고, IBM에서는 최고 수준의 연구 시설과 자유로운 연구 환경에서 세계 최고의 연구 업적을 낼 수 있었다. 에사키는 IBM으로 이직했을 때 일본의 두뇌가 유출되었다는 소동이 있었으나,

노벨과학상을 수상하기 위해서는 해외에 가야 한다는 풍조가 일본 내에서 확산되었다.

이처럼 에사키의 노벨과학상 수상의 배경으로는 훌륭한 은사가 있었고, 기업과 함께 전자 공학 시대를 열었다는 시대적 배경과 적정한 연구 주제, 일본 국내외 일류 기업에서 최고의 환경에서 연구를 진행할 수 있었음을 들 수 있다.

④ 고시바 마사토시

고시바 마사토시(1926년 출생)는 천체 물리학, 특히 뉴트리노 검출에 대한 선구자적 공헌으로 2002년에 노벨물리학상을 받았다. 공동 수상자는 방사 화학 분야의 연구자이며 뉴트리노가 태양으로부터 방사되고 있음을 확인(1968년)한 미국 과학자이다. 고시바는 기후현 가미오카 시(市)에 삼천 톤의 순수(純水)와 구경 20인치인 1,000개의 광전자 배증관을 설치한 가미오칸데(1979년) 연구 시설을 통해 383년 만에 일어난 초신성 폭발 때 방출된 뉴트리노의 신호를 1987년 세계 최초로 관측하였다. 노벨물리학상은 4년 후에 받았다.

이처럼 고시바가 노벨물리학상을 받은 배경에도 훌륭한 인적 네트워크와 기술적 환경이 있었다. 그리고 모두 순수 일본이었다는 사실에 주목하고자 한다. 우선 인적 네트워크를 보면, 고시바는 노벨과학상 수상자인 도모나가와 친분이 두터웠다. 그리고 고시바 연구팀의 중심이었던 도쿄대학 제자인 도츠카 요지는 뉴트리노가 진동하는 것을 세계 최초로 예측했던(1962년) 탁월한 과학자이다. 그리고 자기가 직접 설계해서 제작한 관측 시설인 가미오칸데의 핵심 기술이며 당시 세계 최대의 광전자 배증관(표준 크기10배 구경)을 일본의 지방 중소 기업(하마마쓰 포토닉)이 제조했다는 것이다. 일본의 강한 제조업(모노츠쿠리)의 힘이 발휘된 사례라고 할 수 있다.

그리고 뉴트리노라는 소립자를 처음 예언한 사람은 오스트리아 물리학자(1930년)이지만, 뉴트리노 진동은 실험은 물론 예측에 있어서도 니시나 요시오를 비롯하여 일본이 선구적 업적을 거두고 있던 소립자 물리학 분야의 중요 과제였다. 고시바는 이러한 과제를 종합적으로 이끈 특이한 연구 능력을 발휘했다. 연구팀의 핵심적 존재로 뉴트리노 진동을 세계 최초로 관측한 고시바의 후계자인 도츠카는 일본 국내에서 노벨과학상을 예약해 놓았다는 말을 듣고 있었지만 안타깝게도 사망했다.

고시바의 노벨과학상 수상의 배경에는 풍부한 인적 관계, 탁월한 연구팀, 전문 분야의 시대적 배경과 연구 주제의 적절성, 이를 뒷받침하는 세계 최강의 실험 설비 제작 능력(일본의 "모노츠쿠리" 힘) 그리고 고시바의 탁월한 연구 지도력 등을 들 수 있다.

⑤ **남부 요이치로**

남부 요이치로(1921년출생)는 소립자 물리학과 핵 물리학에 있어서 자발적 대칭성이 파괴되는 현상을 발견하여 2008년에 노벨물리학상을 수상했다. 이 해에는 두 명의 일본인 물리학자와 한 명의 일본인 생리학자가 동시에 노벨과학상을 수상하면서 일본의 해가 되었다.

남부 요이치로는 도쿄대학을 졸업한 후, 오사카 시립대 교수를 거쳐

1952년에 도미하여 Princeton고등연구소에서 연구를 하였으며 Chicago 대학으로 자리를 옮겼다. 남부 요이치로는 미국 국적을 취득한 재미 일본인 1세의 이론 물리학자이다. 유카와가 노벨상을 수상한 직 후 도미하여 두뇌 유출이라는 평을 받았으며, 에사키도 같은 케이스인 두뇌 유출이라고 언론에서 보도하였다. 남부는 1960년에 자발적 대칭성 파괴의 개념을 발견하였으나 무려 51년 후에 노벨상을 수상하였다. 이 때문에 "너무 늦은 노벨상"이라고 불리었다. 그러나 사실은 1980년경부터 해마다 노벨상 후보에 올랐으나 수상하지 못했다. 노벨상을 받기 무려 30년 전부터 이미 후보자가 되었던 것이다.

남부의 예언은 물질의 근원에 대한 인간의 이해와 우주 탄생의 수수께끼를 풀어 21세기 우주론을 견인하는 내용이었고, 노벨과학상에 의해 그 업적이 인정받기까지 오랜 세월이 걸렸다. 남부의 개념이 소립자 물리학의 연구에 어떠한 영향을 미쳤는지는 CP대칭의 파괴, Higgs 장, 기타 다수의 용어나 개념에 이용되고 있는 것으로도 충분히 이해할 수 있다. 그중에는 그와 같은 연도에 노벨물리학상을 수상한 고바야시와 마스카와의 사례에도 포함되어 있다. 남부의 노벨상 수상은 고바야시와 마스카와의 수상이 실현된 것처럼, 그 배경에는 일본의 고에너지가속기연구기구(KEK)에 의해 그 이론의 증명이 성공할 수 있었던 데 있다.

남부는 1945년 2차 대전 후에 도쿄대학에 돌아와서 1944년부터 시작된 도모나가 세미나에서 논의된 도모나가 이론을 배웠다. 그리고 그 후 남부는 독자적으로 연구를 진행했다. 남부는 에사키와 마찬가지로 노벨상급의 업적이 여러 개 있는데, 1965년에 양자색 역학의 기본 개념, 1970년의 끈 이론 등을 제시했다.

남부의 노벨과학상 수상의 배경에는 최고의 일본 국내의 인적 관계와 해외 대학에서의 연구 환경, 이론·소립자 물리학의 시대적 배경과 연구 주제의 적정성, 제창한 이론의 실험에 의한 증명 등을 들 수 있다.

⑥ 고바야시 마코토와 마스카와 도시히데

고바야시 마코토(1944년출생)와 마스카와 도시히데(1940년출생)는 쿼크가 자연계에 적어도 3세대 이상 존재하는 것을 예측하는 CP(Charge conjugation변환과 Parity변환)대칭성의 파괴 이론을 발견하여 남부와 같이 2008년에 노벨물리학상을 받았다. 당시 일본에서는 남부의 수상이 너무 늦었다는 평과 함께, 고시바의 수상을 결정적으로 지원한 도츠카에게 상이 주어지지 않음을 불평하는 소리가 표출되었다. 그러나 나고야 대학에서 태어난 두 이론 물리학자의 위대한 업적을 노벨상위원회가 놓치지 않았다는 목소리가 크게 나왔다는 것을 기억한다. 이 두 과학자가 노벨과학상을 수상한 이론은 35년 전에 발견된 것으로, 남부와 마찬가지로 이론의 증명에 긴 세월이 필요했다.

고바야시·마스카와 이론의 실험 검증은 비슷한 시기인 1999년에 실험이 시작된 일본의 고에너지가속기 연구기구(KEK)의 KEKB/Belle와 미국 Stanford선형가속기센터의 B Factory=PEPII가속기와 Barbar측정기에 의한 것이다. 이러한 미국과 일본의 두 기관의 경쟁은 매우 치열하였다. 그 덕분에 가속기의 성능이 향상되었고, 결과적으로는 좀 더

신속하게 검증 결과를 얻게 되었다. 그리고 2001년, 마침내 일본 국내의 KEK이 고바야시·마스카와 이론을 검증하는 데 성공한 것이다. 지금도 KEK은 세계 최강의 가속기 위치를 차지한다. 고바야시·마스카와 노벨과학상 수상은 고시바의 경우처럼 순수 일본 국내의 연구 성과에 의한 것이다(이 배경으로 일본의 가속기의 역사가 2차 대전 전인 1937년에 이화학연구소에서 니시나 요시오가 독자로 건설하기 시작했다는 것을 지적하는 의미가 있다).

고바야시·마스카와의 실적이 얼마나 순수 일본 국산인지는 일본 국내 기관에 의한 실험 검증뿐만 아니라 인적 관계에서도 알 수 있다. 즉, 그들의 스승인 나고야대학의 사카다쇼오이치 교수는 유카와의 제자이다. 사카다는 유카와가 이화학연구소에서 오사카대 교수로 옮겼을 때, 유카와의 조수가 된(1934년) 일본의 소립자 물리학의 본류에 있던 학자이다. 사카타는 이후 나고야 대학으로 옮겨 소립자 물리학의 표준 이론을 만들어 냈다.

사카타는 니시나 요시오의 전통을 이어 자유로운 연구 분위기를 만들어서 젊은 연구자에게 활기를 불어넣었다. 그 속에서 성장한 과학자가 고바야시·마스카와이며, 이들은 소립자의 계보로 볼 때 유카와-사카타 School에 속하는 연구자라 할 수 있다. 두 사람은 나고야대학에서 교토대학으로 옮겨 1973년에 노벨과학상 대상이 된 이론을 발표했다. 그 후 마스카와는 계속 교토대학에서 유카와 밑에서 연구했고, 고바야시는 KEK으로 옮겨(1979년), 2008년 노벨상 수상에 이른 것이다.

고바야시·마스카와의 CP대칭성의 파괴 이론의 실험 검증의 성공은 그 기본 개념을 제창한 남부 요이치로의 증명이 되어 같은 해에 노벨과학상을 받게 된 것이다. 이러한 고바야시·마스카와의 수상 배경에는 나가오카–니시나–유카와–사카타라는 일본의 소립자 물리학의 인맥이 형성되어 있었고, 소립자 물리학의 시대 배경, 연구 주제, 실험에 의해 제창 이론의 증명, 그리고 이들 모두가 순수 일본 국산의 연구 업적이 될 수 있었다.

⑦ 아카사키 이사무, 아마노 히로시, 나카무라 슈지

아카사키 이사무(1929년 출생), 아마노 히로시(1960년 출생), 나카무라 슈지(1954년 출생)가 청색 발광 다이오드(LED)의 실용화에 대한 공적으로 2014년 노벨 물리학상을 수상했지만, 이 수상 내용은 여러 가지 면에서 지금까지의 일본인의 노벨상 수상과는 다른 재미있는 차이를 볼 수 있다.

첫째, 노벨상 수상 대상인 실용화를 위한 연구 실적이 다른 일본인 연구자들에 의한 일련의 성과에서 이루어진 것이며, 그중에서도 뛰어난 업적을 거둔 세 명(이 중 한 명은 다른 두 명과는 경쟁 관계에 있었다)이 수상자가 된 것을 들 수 있다.

다음은 LED의 창조자이며 적색 LED의 개발자인 Nick Holonyak, Jr.(1962년, 당시 GE사, 그 후 일리노이 대학)과 적색 LED의 개선과 녹색 LED 개발자의 니시자와 쥰이치 (1960년대, 당시는 도호쿠 대학)에게 수여되지 않았고, 이른바 후발자가 오로지 실용화에 크게 공헌했기 때문에 세 사람에게 수여된 것이다.

셋째는 노벨상 수상자 중 두 명이 산업계에 있어 청색 LED를 연구한 것이다. 아카사키는 나중에 대학으로 옮겨 기업과의 공동 연구를 계속하고, 나카무라는 지방 중소기업에서 위대한 업적을 거두었다.

넷째는 지금까지 일본의 노벨 과학상 수상자는 도쿄대학와 교토대학 등 구 제국 대학 졸업생들이었지만, 나카무라는 국립 출신이고 도쿠시마라는 지방 대학 졸업생이며, 지방 중소기업에서 연구했다는 사실도 다른 수상자 18명과는 다른 것이다.

마지막으로, 다른 수상의 사례에서도 볼 수 있었지만, 일본의 "물건 만들기(모노츠쿠리)"의 힘이 발휘된 수상이라 할 수 있다. 특히 나카무라는 4년이라는 단기간에 실용 청색 LED의 제작에 성공했는데, 그 배경에는 선인들의 성과와 본인의 대단한 물건 만들기 능력이 있었던 것이다.

고휘도 청색 LED개발의 Breakthrough

T.Edison이 발명한 백색 전구를 바꿔 놓은 LED의 실용화에 빠뜨릴 수없는 일본인에 의한 고휘도 청색 LED의 개발과 양산화를 이룬 경위를 보면 다음과 같다. 이번 수상은 아카사키가 1970년대에 청색 발광 재료가 되는 질화갈륨(GaN)의 결정(結晶) 제작 및 청색 LED의 연구 개발을 시작했을 때부터 시작된 것이다. 그리고 그보다 훨씬 늦게 나카무라가 청색 LED의 연구를 시작하여(1988년) 단기간에 청색 LED 양산화에 성공(1993년)한 것이다.

이를 이룩하기 위해서는 세 가지 과학적 발견과 세 개의 혁신적인 요소 기술이 있었다고 한다. 세 개의 과학적 발견은 아카사키와 아마노에 의한 저온 완충층 기술로 고품질의 GaN 결정의 창조(1985년, 나고야대) 및 전자선 조사에 의한 GaN의 p형 결정의 창조(1988년~1989년, 나고 여야 대), 그리고 마츠오카 다카시에 의한 질화인지움칼륨(InGaN)의 단결정의 제작(1989년, 당시 NTT 나중에 도호쿠 대학)이다. 그 후 나카무라가 이러한 과학적 발견을 세 개의 혁신적인 요소 기술로 개발한 것은 Two-Flow MOCVD 장비를(1990년) 사파이어 기판 위에 GaN을 깔고 고품질의 GaN 결정 형성(1990년), 간단한 열처리에 의해 GaN의 p형 결정 작성(1992년)한 것이다.

이와 같이 노벨상은 일본의 청색 LED 연구자 전원의 집념과 일본의 제품 만들기(모노츠쿠리)의 산물이라고 말할 수 있다.

아카사키 이사무

아카사키 이사무는 청색 발광 소자의 "창조자"이다. 푸른 빛에 매료되어 홀로 기나긴 여행의 결과로 고휘도 청색 LED를 세계 최초로 개발한 화학 공학자이다. 아카사키는 메이지 시대의 위인을 많이 배출한 가고시마 출신으로, 구제 고등학교에서 철학이나 문학 등 독서에 열중하고 난 후, 난관의 교토대학 화학과에 입학했다. 아카사키에세는 어렵다는 평판이 나오기만 하면 그 목표를 향하는 성격이있던 것이다. 이러한 그의 성격이 그 후 청색 LED 개발에 격려 요인이 된 것 중 하나라고도 말할 수 있다.

아카사키가 교토대학에 입학한 1949년은 유가와가 일본인 최초의 노벨상 수상자가 되던 해이다. 교토대학 졸업 후 고베공업사에 취직하고 브라운관의 개발에 참여했지만, 부장이었던 아리수미 데쓰야에 억지로 이끌려 나고야대로 옮겼다. 그러나 대학인으로서 적합하지 않다고 생각한 아카사키는 신설 마쓰시타 도쿄 연구소로 이동(1964년), 반도체 연구에 종사했다. 그동안 청색 발광 재료 인 GaN 결정 만들기에 도전(1970년대 초반), 통산성(MITI, 현재 경제산업성) 프로젝트의 일환으로 MIS형 청색 LED 개발에 착수(1970년대 후반)했다. 아카사키는 마쓰시타 시대에 GaAs로 대표되는 화합물 반도체에 관심을 갖고 먼저 결정 제작하고, 다음은 소자를 만드는 연구 방법을 고집했다. 1969년에는 적색 LED 개발에 성공하고 녹색 LED도 시작했다. 그리고 자연의 흐름에 따라 청색 LED 개발로 향하게 된 것이다.

그러나 GaN 결정 만들기를 진행한 1970년대 후반, 연구자들이 GaN에서 이탈하고 아카사키만이 남게 되면서 아카사키의 '홀로 여행'이 시작되었다. 아카사키와 회사와의 관계는 좋았고 회사는 몇번이나 아카사키를 높게 평가했지만, GaN개발에 관해서는 상사와의 사이가 험악한 것 같다. 이 때문에 아카사키는 회사를 그만두고 나고야대학으로 이동하여 연구실을 개설하고 연구에 몰두한 것이었다. 이때 첫 번째 지도 학생이 아마노 히로시였다. 가히 운명적인 만남이다.

운명적인 일로 두 가지 일에 더 관심을 가지고 싶다. 우선 아카사키가 1985년에 고품질의 GaN 결정 생성에 성공하고 나고야 시내에서의 강연으로 연계된 토요타 합성 주식회사이다. 강연 후 토요타 합성에서 강한 연계 의뢰가, 동시에 정부계 연구 지원 조직인 신기술개발사업단(현 과학기술진흥기구, JST)에서 청색 LED 제조 기술 개발에 대해 타진이 있었다. 아카사키는 마쓰시타를 상대로 하려고 했지만, 마쓰시타가 부정적으로 대답했기 때문에 토요타 합성을 연계 대상으로 선택했고, JST는 이 회사에 청색 LED 제조 기술 개발을 위탁하게 되었다. 토요타 합성은 아카사키에 대한 협력을 아끼지 않았다.

또 하나는 노벨상 동시 수상자인 나카무라와 관계되는 일이다. 아카사키는 대학에 의뢰를 받아 GaN 결정을 만들기 위한 저온 완충층 기술에 관련한 내용을 국유 특허로 냈다(1986년경). 아카사키는 완충층 물질 후보로 특허 기재한 질화 알루미늄 이외에도 GaN도 대상으로 했으나, 특허 출원 단계에서 언급하지 않은 것이다. 이 결과 나카무라가 활약하는 기회가 생긴 셈이다.

아마노 히로시

아마노 히로시는 아마노가 없으면 노벨상은 없었다고까지 말할 수 있는 중요한 존재이다. 그것은 아마노가 아카사키를 스승으로 받들어, 남다른 연구 열정으로 1,500회 이상 GaN 결정 만들기를 한 결과, 1985년 1월에 청색 LED 개발의 첫 번째 돌파구를 달성했기 때문이다. 그는 '아카사키의 쾌도'라고 불릴 정도로 실험에 탁월한 능력을 가진 사람이다. 아마노는 1,500회 이상의 실험에서 귀중한 경험을 배우고, 우연히 겹친 때 고품질의 GaN 결정을 만드는 데 성공했다. 즉, 아마노는 경험에서 알루미늄을 넣으면 결정의 질이 좋아지는 것과, 결정은 저온에서 만들면 기판에 잘 붙는다는 것을 배운 것이다. 그리고 드디어 1985년 1월, 실험실의 결정 성장 장치의 상태가 나빠서 온도가 오르지 않은 채 실험을 시작한 결과, 대 위업을 달성하게 되었다. 노력과 우연이, 그리고 도전심이 가져온 결과이다.

아카사키와 아마노의 신뢰에 찬 자녀 관계는 2012년 노벨 생리 · 의학상 수상자인 나카야마와 다카하시 사이에서도 볼 수 있었다. 고등학교 때 아마노는 교토대학 지망생이었으나 점수 부족으로 순위를 낮추어 나고야대학에 입학했다. 그러나 나고야대학에서 아카사키에게 사사하고, 아카사키가 가는 곳에 따라가서, 그의 밑에서 계속 청색 LED의 연구에 몰두했다. 아마노는 아카사키의 연구 방침을 잘 지키면서 자유로운 분위기의 연구실에서 느긋하게 실험에 몰두했다. 그리고 좋은 GaN 결정 만들기, p형 결정의 생성 및 청색 LED 개발을 위한 돌파구를 달성했다. 아마노가 청색 LED 개발에 몰두할 수 있었던 것은 스승의 열정뿐만 아니라 연구 주제의 대단함을 느끼고 믿고 있었기 때문인 것 같다.

나카무라 슈지

나카무라 슈지는 노벨 물리학상 수상자인 에사키 레오나(당시는 IBM)가 베를린에서 개최된 반도체 물리 국제 회의에서 기조 연설(1996년)을 할 때, "시골의 작은 회사에서 꾸준히 연구를 하고 세계적인 성과를 낸 사람"이라고 나카무라를 소개한 것처럼, 일본의 지방인 시코쿠(四國)에서 태어나 시코쿠에서 성장하고, 대학과 대학원 그리고 공학박사 학위 모두를 도쿠시마 대학에서 땄고, 그 이후의 일자리도 도쿠시마에 위치한 니치아 화학 공업 회사였다. 그러나 이 시골 연구원이 1988년에 청색 LED의 연구 개발을 시작해, 5년 후인 1993년에 당시 시판 물의

100배가 되는 휘도의 청색 LED를 양산한다고 발표할 때까지 단기간에 성공을 거둔 것이었다.

이 대 위업의 배경에는 나카무라가 말하는 「분노(憤慨)를 원동력」으로 한 정신력, 나카무라를 길러지게 한 인간 관계, 교육·연구 환경, 일본의 청색 LED 연구 환경 등을 꼽을 수 있다. 원래 나카무라는 과학을 하고 싶었는데, 취업에 대한 불안감에서 대학은 공학부를 선택했다. 그때 많은 책을 읽고 생각했다. 학부 3년에서 대학원 석사 과정 수료까지 3년간 지도를 받은 타다 오사무 교수와 일자리에서 만난 니치아 화학 공업사의 오가와 노부오 사장(그 후 회장)은 노벨상 과학기술자 나카무라의 탄생에 빠뜨릴 수 없는 인물들이다.

타다는 "책을 읽는 것보다 손발을 움직여 실험을 해라."라는 교육 방침을 철저히 지킨 교수였다. 초등학교 시절부터 도공에 자신 있었던 나카무라의 제품 만들기 능력을 단련시키고, 기계를 어설프게 개조하는 남다른 능력이 그 후의 획기적인 연구를 하는 데 버팀목이 된 것이다. 그리고 니치아 화학공업의 오가와는 청색 LED 연구를 시작할 당시에 나카무라의 요구를 들어주고, Florida 대학에 유학이나 비싼 실험 설비 등을 투자하였다. 그리고 나카무라가 회상하는 바와 같이 나카무라가 개발한 'Two-Flow MOCVD'(유기 금속 화학 기상 성장)라는 반응 장치가 아주 우수했기 때문에 무엇을 해도 세계 최초, 세계 제일을 달성했다. 이 장치 덕분에 세계 최초의 획기적인 결과가 몇 개월 단위로 속속 탄생했는데, 최초의 청색이 "놀라운 정도로 쉽게 빛났다(1992년 3월)."고 회상했다.

다음은 화학상 분야에서 노벨과학상을 받은 7명의 일본인 수상자에 대해 개별적으로 기술한 것이다.

① 후쿠이 겐이치

후쿠이 겐이치(1918년~1998년)는 각각 독립적인 화학 반응 과정의 이론(Frontier Orbital Theory, 프론티어 전자 이론)의 제창으로 1981년에 일본인으로는 처음으로 노벨화학상을 수상했다. 후쿠이는 1952년에 방향족 화합물의 화학 반응의 분자 궤도 이론을 발표하고, 이를 계속 발전시켜 양자 역학의 현상을 화학 반응에 응용해 화학 반응 과정의 명쾌한 해석을 가능하게 하였다. 노벨화학상 수상은 이 발표로부터 29년 후의 일이다. 후쿠이의 프런티어 전자 이론에 주목하고 많은 유기 합성 반응의 예측을 가능하게 하는 법칙인 Woodward-Hoffmann Rules를 발견(1965년)한 미국의 화학자와 공동 수상했다.

후쿠이의 경력은 극히 심플해서, 교토대학에서 공부하고 교토대학에서 연구하고 교토대학에서 은퇴한 화학자이다. 그러나 후쿠이의 해외 교우 관계는 매우 수준이 높고 깊은 우정이 넘치는 것으로 알려져 있다. 후쿠이의 노벨화학상 수상이 전해졌을 때, 일본의 국내 언론은 "청천벽력이었다."고 표현했다. 후쿠이의 지명도가 매우 낮았기 때문이다. 그러나 후쿠이 본인은 사전에 노벨상 수상을 예상했다고 말했다. 해외의 추천자로부터 사전에 소식을 들었기 때문이다. 그만큼 해외 연구자 사이에서 후쿠이의 연구 업적은 높고 정당하게 평가되고 있었던 것이다.

후쿠이가 학생이었을 당시의 화학 반응은 전자 반응 이론으로 설명되었는데, 후쿠이는 이것만으로는 부족해 당시 거의 완성 단계였던 양자역학을 독학으로 배우고 새로운 규명에 들어갔다. 후쿠이의 수학적 센스는 매우 뛰어났다고 한다. 후쿠이는 유카와와 마찬가지로 영감과 직관력을 가졌으며, 교토대 공학부 화학 계열의 연구 전통에서 육성되어 연구자로서 강한 정신적 지주를 얻었다고 한다. 수학을 잘한 후쿠이가 물리학이 아니라 화학을 선택한 것은 은사인 기타 겐에쓰교수 덕분이었다. 기초를 중시하고 자유롭게 연구하는 분위기를 만들려고 노력했던 기타 겐에쓰로 시작되는 기타-고다마-후쿠이의 전통이 잘 이어졌다고 한다. 이는 전쟁 후 황폐한 연구 환경에 놓여 있던 연구자의 정신적 지주가 되어 노벨과학상으로 연결되었다고 한다.

후쿠이의 노벨상 수상의 배경으로는 다른 수상자처럼 타고난 재능과 은사와 연구실의 전통, 실험에 대한 집념, 해외 최고 수준의 전문가와의 깊은 친분과 높은 평가 등을 들 수 있다.

② 시라카와 히데키

시라카와 히데키(1936년 출생)는 전도성 고분자의 발견과 개발로 2000년에 노벨화학상을 수상했다. 공동 수상자 두 명은 해외 공동 개발자들이다. 시라카와의 노벨과학상 수상은 다른 일본인 수상자와는 다른 특징을 보인다.

그것은 원래 목적한 것과 다른 발견(Serendipity현상)이 노벨상으로 이어진 인연이다. 이 Serendipity현상은 1967년 시라카와가 도쿄공업대학(도쿄공대)의 조수 시절, 외국인 연구생에게 실험을 시켰을 때 발생했다. 그 실험은 시라카와의 지시로 진행되었으나 외국인 연구생이 촉매 첨가 양의 단위를 잘못 보고 보통보다 1,000배의 촉매를 이용하면서 화학 반응이 일어났다. 그 결과로 생긴 물질을 시라카와는 폴리아세틸렌의 박막으로 판단했다. 세계 최초로 아세틸렌에서 폴리아세틸렌이 생성된 것이다.

시라카와는 이러한 Serendipity에 대해 1975년 도쿄공대에 강연을 위해 방문했던 A.MacDiarmid에게 폴리아세틸렌의 샘플을 보여 주었다. 이것이 기회가 되어 시라카와는 1976년에 미국 Pennsilvania대학에 유학을 가고, 공동 수상자가 된 MacDiarmid, Heeger와 공동 연구를 했다. 그리고 1977년, 세계 최초로 폴리아세틸렌 전도체를 발명하였다. 세 번째 Serendipity현상은 Heeger와 MacDiarmid가 1975년부터 고분자 전기 도체에 관심을 가지고 연구하는 과정에서 유황과 질소 원소 기호인 SN과 주석의 원소 기호인 Sn을 오인하여 일어난 일이었다. 세 명의 공동 연구는 Serendipity현상으로 맺어진 것이다.

현재 도전성 폴리머는 전자 재료로 많이 이용되고 있다. 하지만 시라카와가 처음 폴리아세틸렌의 생성과 물성에 대한 논문을 발표했을 때는 논문 심사에 많은 시간이 소요됐고, 논문이 간행되었어도 별 반응이 없었다고 한다. 이와 마찬가지로 1977년 폴리아세틸렌 전도체를 발명한 세 명의 과학자들이 논문을 발표하려고 했지만, 좀처럼 수락되지 않았다고 한다. 꿈같은 획기적인 성과였기 때문이다. 세 명은 국제회의에서 스스로 Demonstration을 하여 연구 성과의 홍보에 노력하였다.

시라카와의 노벨과학상 수상의 배경으로 은사 등 일본 국내의 인맥은 물론, Serendipity의 발견과 해외의 높은 평가, 그리고 해외에서의 실용화 실험과 연구자의 집념을 들 수 있다.

③ 노요리 료지

노요리 료지(1938년 출생)는 유기화학 분야에서 不齋 합성 반응의 업적으로 2001년에 노벨화학상을 수상했다. 공동 수상자인 W. Knowless는 1968년에 不齋 촉매를 개발했고, 1974년에는 L-DOAP의 공업화 등 많은 실적을 올린 화학자이다. 노요리가 연구 성과의 공업화에 적극적이었다는 것은 유명하다. 노요리가 노벨과학상을 수상할 당시에는 이미 미국, 유럽, 일본 등에서 201건의 특허를 취득하고 있었다.

노요리는 1966년에 세계 최초로 분자 촉매를 사용한 不齋 합성 반응의 원리를 발견하고, 이후 1980년에 로듐-BINAP촉매, 1986년에는 루테늄-BINAP촉매의 생성에 성공하는 등 이 분야에서 항상 세계 톱에 속해 있어, 일찍부터 노벨과학상 후보자 명단에 이름이 올라 있었다. 그러나 원리 원칙의 발견을 중시하는 노벨상 대상자로는 너무 산업 기술에 가까웠기 때문에 노벨과학상에는 적합하지 못하다는 말이 많았다.

이에 반해 1981년 노벨화학상 수상자인 후쿠이는 노요리의 연구는 화학 반응의 기초이며 수상 가능성이 매우 크다고 말해 왔는데, 노요리는 교토대학 공학부 출신으로 후쿠이 겐이치의 후배가 되며 후쿠이는 노요리의 연구 업적을 일찍부터 크게 평가하고 있었다. 노요리는 나고야대학의 히라타 요시마사 교수의 초청으로 나고야대학으로 옮겨 일찍부터 일본 국내 기업과 긴밀하게 제휴를 맺으며 자신이 주도적으로 산업에의 응용을 진행했다. 이런 인맥과 산학 제휴(기초연구와 산업 응용의 강한 연계)를 추진함으로써 산업에 영향을 크게 미친 연구 업적을 많이 낸 것이다. 이론부터 응용까지 폭넓은 연구를 기업과의 원활한 관계를 통해 이룩한 노벨과학상이라고 말할 수 있다.

노요리의 노벨과학상 수상의 배경으로는 기초 이론의 공업화, 산학 연계, 특허, 실험에 대한 집념, 해외에서의 높은 평가 등이 두드러진다.

④ 다나카 고이치

다나카 고이치(1959년 출생)는 생체 고분자의 질량 분석을 위한 온화한 탈착이온화법을 개발하여 2001년에 노벨화학상을 수상했다. 일본은 2001년에 다나카와 고시바가 함께 최초로 더블 수상을 하였다. 다나카의 수상에는 '최초'가 많기로 유명하다. 다나카는 2차 대전 후에 태어났고, 박사 학위가 없는 학사이며, 수상 대상이 된 오리지널 인쇄물은 논문이 아니라 특허 명세서와 유사한 것이었다. 더구나 시라카와와 마찬가지로 뜻밖의 발견(Serendipity 현상)이 노벨과학상 수상으로 연결된 것이었다.

다나카는 1987년에 '소프트 레이저 탈착법' 또는 '매트릭스 지원 레이저 이탈 이온화법'으로 불리는 새로운 질량 분석법을 개발했다. 이것이 Serendipity현상이며, 1983년에 코발트 입자를 사용한 실험을 하고 있을 때 Serendipity 현상이 발생하였다. 용매를 잘못 사용한 다나카는 그 용매가 아까워서 버리지 않고 잘못된 용매를 사용하여 실험을 진행했다. 이 결과가 새 발견으로 이어져서 노벨과학상 수상으로 연결되었다. 그러나 다나카는 이를 "생애 최고의 실패"라고 했다. 다나카는 이를 특허로 신청했는데 근무처인 시마즈제작소에서는 11,000엔만 지급하였을 뿐 제품화도 하지 않았고, 그 특허도 일본 국내 특허로만 신청하는 등 냉담한 반응을 보였다. 그러나 반대로 이 덕분에 해외 기업은 이 기술을 쓸 수 있었고, 이 기술이 해외에서 사용되었기 때문에 다나카의 노벨상으로 이어진 것이다. 다나카의 기술의 큰 의의를 처음 깨달은 사람은 세계적으로 저명한 질량 분석 과학자인 독일의 뮌헨 대학 교수 F.Hillenkampf이었다.

그러나 노벨상 공동 수상자인 J. Fenn(1988년에 새로운 질량분석법을 개발)였다. Hillenkampf는 발표한 본인의 논문에서 "개발 원리는 다나카"라고 하여 다나카의 독창성을 명기했다. 이 과학자의 윤리 덕분에 다나카의 노벨과학상이 가능했다고 말할 수 있다. 다나카의 새로운 발명이 세상에 등장한 계기는 1987년 일본에서 개최된 중·일 연합 질량 분석 토론회를 위해 쓴 영문 요지였다. 그 후 주위의 설득으로 1988년 6월 미국의 잡지에 투고하였다. 다나카의 영어 논문은 이뿐인데, 중요한 것은 Hillenkampf의 논문보다 조금 일찍 발표했다는 점이다.

다나카는 도호쿠대학 공학부에서 안테나 공학을 공부했지만 유급도 하였으며, 원하는 SONY회사 취업도 실패해서 시마즈제작소에서 화학 기술 연구를 하게 됐다. 소위 노벨과학상을 받을 만큼 화려한 경력이 아닌 셈이다. 다른 노벨과학상 수상자와 비교하면 그저 보통 사람이었지만, 실험을 무엇보다 중시했던 다나카는 그 결과로 노벨과학상 수상에 이르렀다고 말할 수 있다. 다나카의 노벨과학상 수상의 많은 이례적인 근저에는 과학과 과학자의 본질이 보이는 것 같다.

한편 다나카는 연구 동료도 많았다. 질량 분석에 첨가물을 이용(코발트 분말에 글리세린을 섞는 것)하는 아이디어는 연구실 동료의 아이디어라고 한다. 이를 바탕으로 한결같이 실험한 매진한 다나카였기에 노벨과학상이 가능했다.

다나카의 노벨과학상 수상 배경으로는 Serendipity현상과 함께 한결같은 성실한 실험, 좋은 연구 팀, 선구적인 발견과 해외에서의 높은 평가와 실용화, 과학자의 윤리감 등을 들 수 있다.

⑤ 시모무라 오사무

시모무라 오사무(1928년 출생)는 녹색 형광 단백질 GFP를 발견하고 개발함으로써 2008년에 노벨화학상을 수상했다. 공동 수상자는 미국Columbia대학과 UCSD의 생화학자들이었다. 시모무라는 나가사키 의대에서 나고야대하으로 옮겨 생물 발광 연구를 본격적으로 시작하여, 1956년 갯반디 발광 물질을 정제(精製)했다. 시모무라는 그 후 Princeton대학으로 옮겼으며, 1962년에 평면 해파리의 발광 단백질(익오링, Aequorin)을 발견하고 정제하여 녹색 형광 단백질(GFP)을 분리 추출했다. 그리고 1974년 공기 해파리의 발광 구조를 완전히 규명하는 데 성공했다. 이 발광 물질은 단백질로서 DNA 해석을 통해 이 발광 단백질을 만들어 내는 유전 암호를 규명했다. 이 유전자를 잘 조합하여 여러가지 생물체를 녹색으로 발광시킬 수 있게 되어 그 응용이 넓어지게 되었다. 시모무라와 공동 수상자 두 사람은 이 분야의 전문가이다.

노벨과학상을 수상하는 데는 남다른 노력과 함께 행운과 불운이 따른다. 시모무라가 노벨과학상을 수상하기까지는 긴 시간이 흘렀는데, 그 시작은 나고야대학(1955년~1965년)의 재직 시절부터였다. 나가사키대의 은사인 야스나가 순고 교수가 시모무라에게 약학에서 화학으로 전문 분야를 전향하도록 장려함에 따라, 시모무라는 나고야대학의 히라타 요시마사 교수의 연구생이 되었다. 그 후(1965년) 미국의 저명한 대학과 연구소에서 연구를 발전시킬 수 있었다. 시모무라는 나고야대학을 떠난 후인 1968년에 노벨화학상 수상자인 노요리가 히라타 연구실로 옮겨 왔고, 히라타를 통해 시모무라-노요리의 인연이 형성되었다. 그 후 시모무라는 1960년 풀브라이트 장학금으로 Princeton대 F. Johnson 교수의 연구실로 가게 되었으며, 익오힝 발견의 계기가 되는 공기 해파리의 연구를 시작하였다.

한편 Dugras Prasher 등이 GFP 유전자의 특정과 해독에 성공한 것은 1992년이었는데, 당시 그들은 기한부 연구자였기에 그 이후의 연구를 계속할 수 없었다. 이 연구 성과를 계속 연계하여 공기 해파리 이외 생물의 유전자 조합 기술을 개발한 사람이 시모무라와 공동으로 수상한 M. Chelfie와 R. Tsien이다. M. Chelfie는 1992년 이종 세포의 GFP 도입과 발현에 성공하였으며, R. Tsien도 GFP응용에 길을 열었다.

시모무라가 노벨과학상을 수상하기까지는 연구를 시작한 지 무려 53년이 걸렸다. 그동안 그가 연구 생활에 충실할 수 있도록 지지한 사람은 가족이었다. 연구가 성공할 때까지 매일 3,000마리의 해파리를 채집하여 총 85만 마리와 총 중량 50톤의 해파리를 사용하였다고 한다.

이처럼 시모무라의 노벨과학상 수상의 배경에는 국내외의 탁월한 은사, 성실하고 참을성이 강한 연구 자세와 가족 등의 지지, 선구적인 연구 발견과 해외에서의 높은 평가, 해외에서의 연구와 실용화 등이 있었음을 알 수 있다.

⑥ 네기시 에이이치 및 스즈키 아키라

네기시 에이이치(1935년출생)와 스즈키 아키라(1930년 출생)는 2010년에 유기 합성에 의한 팔라듐 촉매 크로스 커플링을 개발하여 노벨화학상을 공동으로 수상했다. 다른 공동 수상자 Richard Fred Heck를 포함하여 세 명 모두 유기 금속인 팔라듐 촉매에 의한 크로스 커플링의 개척자들이다. 이들이 개발한 유기 합성법은 의약품이나 화학제품 등 다방면에 걸쳐 제품의 개발과 양산에 큰 공헌을 하였다. 팔라듐 촉매의 커플링은 Heck이 1972년, 네기시는 1977년, 그리고 스즈키-미야우라는 1979년에 각각 획기적인 연구 성과를 발표하였다. 이들 모두 탁월한 실험을 통해 나온 성과이다.

네기시는 금속 촉매 크로스 카플링의 Ni과 그리냐르(Grignard) 촉매를 사용한 제1세대를 뛰어넘은 최초의 과학자로 불리고 있다. 그것은 방사성 원소를 제외한 주기율표 상의 모든 원소(약 70원소)를 대상으로 이루어졌다고 한다. 스즈키는 유기 붕소와 유기 할로겐 화합물의 커플링 합성에 팔라듐 촉매를 사용한 실험을 성공하였다. 이 두 과학자에게는 공통점이 있는데, 둘 다 미국 Purdue대학의 같은 연구실과 같은 지도 교수(노벨물리학상 수상자인 H.A.Brown) 밑에서 공부를 했고, 강한 의지를 가지고 지식이 결집된 미국으로 유학했다는 점이다.

네기시와 스즈키의 노벨화학상 수상의 영광 뒤에는 노벨상급의 성과를 내고도 수상을 하지 못한 두 명의 일본인 화학자가 있었다. 도쿄공대의 미조로기 기츠토무와 교토대학의 다마오 고오헤이이다. 네기시와 스즈키는 이들 선배들의 업적을 참고하면서 실험에 정진하여 노벨화학상으로 연결한 성공한 것이다. 스즈키 · 네기시의 경우, 연구 성과의 기술적 보급을 확산시키기 위해 특허를 취득하지 않았다. 특허의 제약이 없는 관계로 연구 성과가 널리 사회와 산업계에서 사용되었고, 결과적으로 자신의 노벨화학상 수상으로 연결될 수 있었던 것은 다나카의 사례와도 같다.

네기시 · 스즈키의 노벨상 수상의 배경에 있는 두 과학자의 실험에 대한 집념, 좋은 연구 환경, 선구적 발견, 해외에서의 높은 평가, 발견한 연구 성과의 해외에서의 실용화 등은 다른 수상자와 유사하다. 그밖에 네기시는 해외에서, 스즈키는 일본 국내에서 뛰어난 연구 팀을 이끌어서 연구 실적을 냈다는 것을 들 수 있다.

마지막으로는 생리학 · 의학상 분야이다.

① 도네가와 스스무

도네가와 스스무(1939년 출생)는 다양한 항체를 생성하는 유전적 원리를 규명하여 1987년에 일본인으로서는 처음으로 노벨생리학·의학상을 수상했다. 도네가와는 인간의 유전자(인간 게놈에서 2만 수천)는 유한한데 비해 무한으로 항체를 생산할 수 있는 이유가 면역 시스템에 있다는 최대의 수수께끼를 파헤쳤다. 이 분야에서는 기타자토 시바사부로 등이 최초로 항체의 구조에 대해 중요한 가설(1897년)을 제창한 것을 시작으로 하여, 그 후 항체(항체의 본체(本體)는 면역 글로불린(Immunogloblin)으로 불리는 단백질의 일종)를 만들어 내는 B세포(림프구의 일종, 1952년)가 발견되었고, 그 후 도네가와가 새로운 발견을 한 것이다.

도네가와는 스위스 Basel면역연구소에서 면역 글로불린 유전자의 규명에 힘을 기울였다. 도네가와는 대장균에 유전자단편(斷片)을 심고, 대장균을 증식하여 유전자를 늘리는 방법을 적용하였다. 그 결과, 한 개의 면역 글로불린 유전자에서 일억 개 이상의 유전자 재구성 조합이 가능하다는 것이 발견되었다. 생체 내에 적은 수의 유전자에서 놀라울 정도의 항체의 종류가 잠재적으로 준비되어 있는 것으로, 이는 면역이 간직한 수수께끼가 실증적으로 규명(1975년)된 것이다.

도네가와가 항체의 다양성의 기원에 대한 매듭 짓기에 성공한 배경에 대해 몇 가지를 지적할 수 있다. 우선 젊은 분자 생물학자가 면역학 분야에서 미해결의 문제(항체의 다양성)와 가설 "체세포 변이설", 그리고 그 가설에 대한 실험 데이터의 부족 등을 인식하면서 시작하였다. 그리고 대학원생 시절과 포스트 닥터 시절에 익힌 분자 생물학 기법(DNA-RNA의 이중 사슬을 만드는 기술)을 면역학 분야에 응용하였으며, 당시 발견된 "제한(制限) 효소"에 주목하고, 항체 유전자가 위치한 DNA

단편의 길이의 변화에 주목하여, 나중에 노벨상을 수상하게 된 실험을 체계적으로 실시했다.

도네가와의 노벨과학상 도전은 교토대학의 와타나베 이타루 교수가 도미를 권유한 것에서부터 시작됐다고 할 수 있다. 와타나베는 도네가와에게 새로운 분야에의 도전을 위해서 연구 환경이 좋은 미국행을 진심으로 권했다. 당시 미국과 일본의 연구 환경의 차이는 상당히 컸기 때문이다. UCSD를 시작으로 Salk연구소, 그리고 매우 우수한 연구 환경이 제공된 스위스의 Basel면역연구소, 그 후 MIT로 다시 옮기면서 도네가와는 해외에서 연구의 꽃을 피워 갔다. 해외의 좋은 연구 환경, 특히 Basel면역연구소에 있는 10년 동안 도네가와는 항체 다양성을 초래하는 유전자 구조를 해명하였다.

도네가와가 노벨과학상을 수상한 배경에는 교토대 은사인 아타나베 교수의 도미 권유 등 좋은 지도자들을 만난 것과 해외의 좋은 연구 환경에 접할 수 있었음이 그 근저에 있으며, 전문 분야가 시대적으로 적절했고 연구에 대한 욕망과 과감한 실험의 선택과 최첨단 실험 방법의 습득 등이 있었음을 들 수 있다.

② 야마나카 신야

야마나카 신야(1954년 출생)는 2012년에 다양한 세포로 성장하는 능력을 가진 iPS세포를 최초로 만들어 노벨 생리학·의학상을 수상했다. 공동 수상자는 ES세포나 iPS세포의 단초를 열었던(1962년) 영국 케임브리지대학의 Sir. J.B. Gurdon이다. 야마나카는 "이론은 Gurdon선생

님이 했고, 나는 단지 기술을 담당한 것이다."라고 언급하였다. 실험을 통해 이론이 옳다는 것을 증명한(2006년) 형태라서 "편승 수상"이라는 말도 있었다. 야마나카는 iPS세포 연구를 시작(2001년)하고 5년 만에 iPS세포를 만드는 데 성공했으며, 6년 만에 노벨과학상을 수상하는 초고속 수상이었다. 그러나 실제로는 실험의 기반이 된 이론이 나온 이래 노벨과학상 수상까지는 반세기라는 긴 시간이 걸렸다. 또 야마나카는 노벨과학상을 수상하기까지 해마다 여러 세계적인 상을 수상하였다.

그는 고베대학을 졸업한 후, 임상 의사를 하다가 연구자로 변신하기 위해 오사카시립 대학으로 옮겼다. 그리고 더 많은 연구를 하고 싶은 일념으로 미국 UC샌 프란시스코대학에 유학하여 iPS세포 연구를 시작하게 되었다. 거기에서 구미의 빠른 연구의 진보와 우수한 연구 환경을 접촉하고, 메이지 시대의 선배들처럼 크게 위기감을 안고 귀국하였다. 그러나 귀국 후, 구미에 비해 열악한 일본의 연구 환경에 낙담하고 우울증까지 걸렸다고 한다.

그러한 어려움 속에서 그의 타고난 긍정적인 성격 덕분에 더욱 분발할 수 있었으며, 나라에 있는 첨단 과학기술대학원대학으로 옮겼다. 거기서 조깅을 시작해서 심기일전하였으며, 다카하시 가즈토시라는 우수한 연구 조교와 실험에 능숙한 연구팀을 만나서 iPS연구를 순조롭게 진행할 수 있었다. 그 후 교토대학으로 옮겨 2006년 8월에 마우스 iPS세포(피부 섬유 아세포(芽細胞)에서 세계 최초로 성공), 동년 11월에는 인간 iPS세포에 성공하여 전문지 Cell에 연구 성과를 발표하였다. 야마나카의 학문적 업적은 확고한 것이지만, 특허로 대표되는 지적 재산에 관해서는 별개의 문제로 보인다. 인간 iPS세포 작성의 지적 재산 관계에서는 BAYER와 같은 해외 제약 회사와의 사이에서 치열한 분쟁이 이어지고 있다. 다행히 야마나카의 빠른 논문 발표 때문에 독창성이 인정되어 노벨과학상을 받게 된 것이다.

그의 빠른 노벨과학상 수상에는 신속한 연구가 있었고, 이러한 신속한 연구를 뒷받침한 연구비 지원이 있었다. 야마나카의 연구비 획득에는 몇 가지 흥미로운 이야기가 있는데, 이는 무엇보다도 야마나카 자신이 연구를 계속하기 위해 보인 남다른 열의가 가져온 일화이다. 야마나카는 연구비 획득을 위해 일러스트를 그리거나 마라톤 대회에 나가면서 웹 사이트를 통해 연구비 모금활동을 벌였다. 그 결과, 정부의 대형 연구비도 획득하고 일반 시민으로부터 기부금도 모았다. 시민들로부터 모금한 기부금은 8억 5천만 엔(약 85억 원) 이상에 달한다고 한다. 야마나카의 노벨과학상 수상은 이러한 본인의 직접 발로 뛰는 노력이 있었다.

야마나카가 노벨과학상을 수상한 배경에는 순수한 일본적인 것과 야마나카 개인의 특성이 섞여 있다. "기초는 歐美, 응용과 기술은 일본"이라고 표현되던 메이지 이후 일본이 지향한 대표적인 발전 특성이 적용된 것이다. 또한 실험에 능한 연구팀이 있었으며, 사회와의 접촉을 시도하면서 계속 연구할 수 있는 연구비를 확보한 것 등을 들 수 있다. 이를 한마디로 표현하면, 프로젝트 매니저로서 야마나카의 탁월한 능력과 열의, 그리고 재생 의료 분야에 관심을 둔 시대적 배경 속에서 이 분야에 집중한 실험 자세라고 할 수 있다.

이상, 노벨물리학상 10명, 노벨화학상 7명, 노벨생리학 · 의학상 2명 등 19명의 일본인 노벨과학상의 수상 내용과 배경 등을 정리했다.

❸ 일본인 노벨과학상 수상에 나타난 특징

19명의 일본인 노벨과학상 수상자의 공통점과 개별적이지만 현저한 특징을 살펴보기로 한다. 일본인 노벨과학상 수상자가 가진 일반적인 경향을 네 개의 유형으로 분류할 수 있다.

▶ 일본인 노벨과학상 수상에서 나타난 일반적인 경향

[부록. 표3]에 일본인 노벨과학상 수상자에서 볼 수 있는 특징적인 배경을 5개의 큰 항목으로 정리하였으며, 큰 항목 밑에 29개의 작은 항목으로 분류했다. 5대 항목은 수상자의 '개인 자질', '교육 · 인적 관계', '연구 상황 · 환경', '실적'과 '기타'로 구분하였다. 그리고 29개 작은 항목은 노벨과학상 수상자의 수상 내용에서 보이는 특징적인 공통점과 현저한 개인적인 특성을 추출한 것이다.

일본인 노벨과학상 수상자에서 볼 수 있는 공통된 특징은 수상자 모두가 뛰어난 재능의 소유자였고, 일찍부터 그 재능이 눈에 띄었다는 점이다. 이들은 교육 과정에서 세계 톱 수준의 과학자들을 스승이나 지도자로 만나 매우 큰 영향을 받았다. 그중에서도 도네가와 스스무, 다나카 고이치, 야마나카 신야, 나카무라 슈지 등은 좌절감을 맛본 시기가 있었지만, 강한 의지와 노력, 주위의 도움으로 이를 극복하고 탁월한 업적을 냈다.

노벨물리학상 수상자에게서 볼 수 있는 두드러진 특징은 일본의 소립자 물리학의 인적 계보이다. 나가오카 한타로에서 시작하여 니시나 요시오가 그 토양을 배양한 일본의 핵 물리학과 소립자 물리학이 유카와 히데키와 도모나가 신이치로의 노벨물리학상으로 연결된 이 계보는, 이후 일본의 노벨과학상 수상의 원동력이 되었다.

일본의 노벨과학상 수상자들에게 보이는 공통적인 특징은 해외 노벨상급 연구실의 유학이나 공동 연구가 있었고, 세계 최고 수준의 연구자들과의 깊은 친분이 있었다는 점이다. 이것이 훗날 그들의 노벨과학상 수상에 큰 도움이 된 것이다.

아울러, 교육과 인적 관계면에서 볼 때 노벨과학상 세 분야(물리, 화학, 생리 · 의학)에서 보이는 공통 특징으로는, 각 수상자가 소속해 있던 대학이나 연구소의 연구실에 전통이 있었고 뛰어난 연구팀이 있었다는 점이다. 모든 수상자에게는 연구실의 전통이 정신적 지주가 되었으며, 연구팀은 힘이 되어 주었다.

다음으로 수상자의 연구 상황 · 환경면으로 보면, 그들이 연구한 전문 분야의 시대적 배경이 효과적으로 작용했다. 일본인 노벨과학상 수상자들은 노벨상으로 연결될 수 있는 우수한 연구 주제를 선택했다는 것이다. 노벨과학상 수상으로 이어지는 연구 주제에는 현저한 특징이 있다. 연구 주제는 각 분야에서 최첨단의 주제였고, 연구자는 선두 주자(Front Runner) 역할을 하였다는 것이다.

'노벨과학상 수상 뒤에 또 다른 노벨상이 기다리고 있다'라고 할 정도로, 노벨과학상의 업적이 된 새로운 자연의 진리는 앞선 자연의 진리를 또다시 새롭게 한다. 일본의 노벨물리학상과 노벨화학상에서 이러한 경향이 현저하게 나타났다. 화학 분야에는 후쿠이나 노요리의 화학 반응 과정의 해명과 네기시와 스즈키의 유기 금속 촉매를 이용한 유기 반응 과정의 연구 등이 있으며, 물리학 분야에서는 나가오카의 토성형 원자 모형에서 시작된 일본의 원자핵과 소립자 물리학의 전통 위에 노벨물리학상 수상자가 잇달아 배출된 것이다. 고바야시와 마스카와의 실적은 소립자 물리학의 표준 모형의 최종 완성이라고 불리며, 그 앞에는 마지막 남은 중력이라고 하는 네 가지 힘 중 하나가 남아 있었는데, 이 이론도 이미 남부 요이치로에 의해 제창된 것이었다. 이를 통해 동일한 인맥에서 노벨물리학상 수상자가 나오기 쉽다는 것을 알 수 있다.

 노벨과학상 수상의 과학자는 항상 최고의 실험 환경을 찾는다. 국내에서 채워지지 않는 경우에는 망설이지 않고 해외로 나간다. 반대로 국산 설비로 노벨과학상 수상에 이른 사례도 있다. 후자는 물리학 분야에서 현저하게 보이고 있고, 전자는 생리학 · 의학 분야에서 보이고 있다. 한편 화학 분야에서 보인 두드러진 특징은 "Serendipity" 현상이다. 화학 반응이 가져온 우연한 발견이 노벨상급의 위대한 발견으로 되는 경우는 그리 흔한 일이 아니다. 연구자의 세심한 주의력, 실험에 대한 집념, 현장 중심의 노력과 연구 결과에 대한 겸허함이 있어야만 가능한 업적이다. 일본인 수상자는 이러한 덕목을 충족하고 있다고 할 수 있다.

이러한 상황에서 일본에 많은 노벨과학상을 가져올 수 있었다. 일본 과학자가 수상한 노벨과학상을 자세히 검증하면 많은 사실을 알 수 있다. 우선 수상 대상이 된 내용이 탁월한 이론의 제창인지, 실험에 의한 선구적인 발견인지, 학술 논문에 의한 학문에의 공헌인지, 기술에 의한 산업 발전에의 공헌인지를 알 수 있다. 실험에 의한 새로운 발견이나 산업 기술, 특징적인 경향이 나타난다. 그것은 노벨과학상의 대상이 된 새로운 이론의 제창과 그 증명이 어디서 이루어졌는지, 새로운 발견을 한 실험이 어디서 이루어졌는지 등에 특징적인 경향이 인정되는 것이다. 이 특징적인 분류와 자세한 분석은 후술하겠지만, 우선 네 가지 유형으로 분류할 수 있다.

　[부록. 표3]의 '기타'에서는 노벨과학상 세 분야의 공통된 특징으로, 수상에 이르기까지의 경위를 분석한 내용이다. 이 분석에 의하면, 노벨과학상 후보가 되더라도 바로 그해에 상을 받지 못하고 계속 후보자로 이름이 등재되면서, 몇 명의 세계적인 과학자로부터 추천을 받고 수 년이 흐른 후에 수상을 한다는 것이다. 야마나카의 경우처럼 연구를 시작한 지 불과 몇 년 만에 실적이 나오고, 그 후 몇 년 후에 노벨상을 수상하게 된 사례도 있지만, 노벨과학상이 쉽게 주어지는 것이 아니다. 그러나 iPS세포 작성 실험에 성공하고 해마다 세계적인 상을 수상했으나, 노벨과학상을 놓쳐 매년 일본 국민을 허탈하게 한 것이다. 남부와 같이 영국의 iPS세포의 이론과 올해의 노벨 물리학상의 대상이 된 미국의 LED이론처럼 노벨과학상 수상까지 반세기나 걸린 경우도 있다. 후술하는 것처럼 노벨과학상 업적을 도출하고 수상에 이르기까

지의 경위, 그 내용 등을 분석하면, 노벨과학상 수상은 몇 가지 유형으로 분류할 수 있고 특징적인 내용도 있음을 알 수 있다.

▶ 일본인 노벨과학상 수상의 분류

일본인 노벨과학상 수상자의 개별 사례를 살펴보면 몇 가지 특징적인 경향이 있는데, [부록. 표4]와 같이 네 개의 유형으로 분류할 수 있다. 이는 노벨과학상 업적(획기적인 새로운 이론의 제창 또는 실험에 의한 신발견)과 그 실증을 어디서 해냈는지를 기준으로 한다.

[부록. 표4]의 유형1은 그 업적과 검증이 일본 국내에서 이루어진 경우이며, 유형2는 실적은 국내에서, 검증은 해외에서 이루어진 경우이고, 유형3은 실적과 검증 모두 해외에서 이루어진 것이며, 유형4는 이론은 해외에서 검증·실용화는 일본 국내에서 이루어진 경우이다.

유형1은 일본인 노벨과학상 수상자가 5명, 유형2는 가장 많은 7명, 유형3은 3명, 그리고 유형4는 4명이다. 또한 일본인 노벨과학상 수상의 업적이 이론인 경우는 6명, 실험인 경우는 10명으로, 실험에 의한 수상이 많았다. 또한 새로운 이론이 검증된 노벨과학상의 경우, 새로운 이론과 동등한 이론이 제창된 사례는 일본 국내의 경우가 2명, 해외의 경우가 3명이었다. 새로운 발견의 응용 산업화로 인해 노벨과학상에 이른 경우에서 그것이 해외에서 성공한 경우가 국내보다 많아지고 있다. 또한 실적을 포함해서 검증, 응용이나 산업화 등이 해외에서 이뤄진 사례는 10명인데, 그 연구의 가치가 일본 국내에서는 크게 인정받지 못한 것으로 추측된다. 즉, 일본인 노벨과학상 수상자의 연구 실적이 해외에서 검증되거나 실용화되고 높은 평가를 받은 경우가 많았다.

유카와가 밝혀낸 중간자에 대해서는 미국 과학자가 검증하였으며, 도모나가, 에사키, 후쿠이, 도네가와, 시모무라 등도 모두 해외에서 검증되거나 응용화와 산업화가 진행되었다.

순수 일본의 예로는, 일본 국산 실험 장치인 가미오칸데에서 우주의 뉴트리노 관측에 성공한 고시바, 산학 협력을 통해 이론을 산업 기술 개발로 연결한 노요리, 이론 제창과 검증이 일본 국내의 팀 워크(KEK)에 의해 이루어진 고바야시와 마스카와, 그리고 대학 연구실에서 성공시킨 연구 성과에 대해 특허를 취득하지 않은 덕분에 제약 산업에 의해 보급된 스즈키의 사례 등을 들 수 있다. 순수 일본 국산파라고 할 수 있는 노벨과학상 수상자는 2001년 노요리부터 시작됐으며, 그 전에는 볼 수 없었다. 이러한 현상은 소립자 물리학 분야에서는 빼놓을 수 없는 사이클로트론 시설이나 가미오칸데, 화학 실험 설비 등 일본 국내의 연구 실험 환경이 세계 톱 수준에 도달함에 따른 변화로 이해된다.

한편 이들 순수 국산파에 비해 압도적으로 많은 해외파 가운데 [부록. 표4]의 유형4에 해당하는 야마나카의 경우가 흥미로운 사례이다. 이론은 영국에서 이루어졌는데, 그 검증을 위해 일본 국내에서 실험했기 때문이다. 이 분야의 실험 설비는 구미에 비해 많이 뒤떨어져 있었지만, 야마나카 연구팀은 그 차이를 극복하고 노벨과학상을 수상하기에 이른 것이다. 해외의 이론을 일본에서 실험으로 검증하고, 일본 스스로가 제창한 이론을 일본인 과학자가 자체적인 실험으로 검증한 경우는 2000년에 들어와 증가하는 추세이다. 이러한 추세는 앞으로도 더욱 증가할 것으로 생각된다. 물리학이나 화학 분야에서는 이미 일본 국내에서 이론 제창과 실험 검증을 실시하거나 해외에서 제기된 이론을 일본 국내 설비를 통해 실험 검증해서 노벨과학상을 받은 사례가 여러 차례 출현하고 있기 때문이다. 도네가와가 미국 유학을 하고 Basel 면역연구소에서 노벨과학상의 대상이 된 연구를 한 것과는 달리, 지금은 일본에서도 이러한 연구를 할 수 있는 환경이 갖추어졌다. 야마나카가 미국 유학에서 경험하고 귀국 후 일본의 연구 환경에서 좌절감을 느낀 그때의 상황과는 매우 달라져서, 이제는 충분히 세계 톱 수준의 환경에 있다고 말할 수 있다.

더욱 흥미로운 것은 2014년도의 수상이다. 원래의 이론은 해외에서 이루어지고 일본 국내에서는 실용화에 성공한 사례이기 때문이다. 지금까지 일본인 수상자 속에서 새로운 이론이나 선구적인 발견을 국내에서 이룩하면서, 그 실증·상용화 등이 해외에서 이뤄진 유형2가 많은 가운데, 일본에서 실용화를 이루고 수상한 것이다. 이는 일본인이 제품 만들기에 탁월하다는 것과 그 실력이 노벨상 수준에 있는 것을 입증한 것이다. 따라서 향후 일본에서 노벨과학상 수상자가 더 배출될 것이라고 예상한다.

3장

일본인의 노벨과학상
수상의 배경

The Nobel Prize
1901-2014

ALFRED NOBEL

　제2장에서는 일본인 노벨과학상 수상자 19명에 대해 공통된 항목을 정리하고 수상자에서 볼 수 있는 일반적인 경향을 검증했다. 제3장에서는 일본에서 노벨과학상이 많이 배출되는 요인을 분석하여, 일본인 노벨과학상 속출의 이유에 대해 검증하기로 한다.

❶ 일본인 노벨과학상 수상자 속출의 이유

　일본인의 노벨과학상 수상자가 왜 많이 배출되는지에 대해 검토하고자 한다. 이를 위해 일본의 기초과학의 환경인 知의 Infrastructure, 일본의 창조적 환경인 知의 거점과 知의 계보, 그리고 노벨과학상 속출의 버팀목인 일본 국산 실험 설비의 제조 기술인 모노쓰쿠리의 강함에 대해 정리한다.

▶ **일본의 기초과학 실력의 배경(知의 환경과 知의 Infrastructure)**

일본인 노벨과학상 수상자가 가지는 몇 가지 공통적인 배경을 [부록. 표3]에 정리하였다. 노벨과학상 수상자에서 볼 수 있는 수상 이유와 그 배경을 일본이라는 국가 차원에서 살펴보면, 좀 더 일반화된 내용으로 정리할 수 있다. 노벨과학상 수상자에게는 몇 가지 공통된 요인이 있지만, 이러한 요인이 충족된다고 하더라도 노벨과학상을 수상한 과학자와 수상하지 못한 과학자가 발생한다는 것이다. 이 엄청난 차이가 무엇에 기인하는지를 살펴보면, 좀 더 깊은 차원의 이유를 찾을 수 있다고 생각한다. 이러한 검증과 개별적인 사례 분석을 종합하면, 일본이 노벨과학상 속출의 이유, 배경 및 요인 등을 더욱 선명하게 이해할 수 있을 것이다.

일본의 경우, 혁신(Innovation)이 일상화(日常化)되어 왔다. 혁신의 사례로는 초고속 철도인 신칸센을 비롯해서 많은 것을 들 수 있다. 일본의 산업 발전의 역사이며 메이지 시대(1867년)부터 유럽에서 도입한 과학기술이 혁신의 저변에 있었다. 혁신의 원류와 과정에서 과학기술 실력의 향상이 이루어졌고, 노벨과학상 수상으로 연결되었다. 그러나 그 원류와 과정에서 결코 노벨과학상을 목적으로 한 것이 아니라, 노벨과학상의 수상은 그 결과였다. 일본에서 일찍부터 혁신이 가능했던 것은 일본 내에 기초연구부터 최종 제품에 이르기까지 튼튼한 구조가 있었기 때문이다. 즉, 일본 내에 지식과 기술의 흐름을 가능케 하는 구조와 환경이 있었기 때문에 혁신의 실현이 가능했다고 말할 수 있다. 그러나 구미풍(歐美風)의 의사 표현으로 이해할 수 있도록 체계가 구체적으로 형성된 것이 아니다.

일본의 산업 발전과 과학기술의 저변에는 눈에 보이지 않는 관(官) · 학(學) · 산(産) 네트워크, 대학과 학회, 대기업과 중소기업, 도시와 지방에 이르기까지 전국적으로 확산되어 있는 소양의 집결이라고 말할 수 있다.

일본에는 다음과 같은 주된 요인이 서로 얽히고 면면히 존재 하는 知의 환경인 「知의 Infrastructure」가 형성되어 있다.

• 역사적 배경과 축적

일본은 1867년 메이지 유신 때부터 국책으로 유능한 인재를 발굴하여 선진 주요국(네델란드 · 프랑스 · 영국 · 독일 등)에 유학을 보내기 시작했고, 동시에 해외에서 저명한 과학자를 초빙하여 세계 최고 수준의 과학자를 통해 인재 육성에 노력해 왔다. 초기에는 세균학 분야에서 뛰어난 연구 업적을 내고 수차례 노벨과학상 후보가 된 기타자토 시바사부로와 이화학연구소의 제창자인 다카미네 죠키치를 비롯한 의학자, 나가오카 한타로와 니시나 요시오 등 일본 소립자 물리학의 창시자 등 많은 과학자를 외국에 파견했다. 그리고 이들 선구자들의 뒤를 이어 많은 인재가 세계 최고의 대학이나 연구실에 체류하면서, 그들의 과학 지식의 지평을 넓혀 왔다. 그들은 해외 유학을 통해 친교를 맺은 노벨상급 과학자를 일본으로 초빙해서 최첨단 정보의 공유에 힘썼다. 그들은 현지에서 체험한 모든 것에 감동하였고, 면학과 연구에 힘을 기울이고 귀국하였다. 그 결과, 세계 최고 수준의 과학기술에 익숙한 과학자 층이 두터워졌고, 그로 인해 해외에서 일본인 과학자에 대해 높은 평가를 받는 인재들이 많이 배출되었다.

• 知의 집단(거점)의 형성과 계승(知의 원류와 계보)

역사적 배경과 축적은 일본 국내에 창조적 환경을 조성한 것으로, 知의 거점을 마련한 것이며 知의 원류와 계보를 형성한 것이다. 창조적 환경을 형성한 것은 세계 최고의 과학자를 육성하여 노벨상급의 연구를 실시하는 데 있어서 빠뜨릴 수 없는 것이다. 창조성이 꽃을 피우기 위해 가장 중요한 조건 가운데 하나는 고도의 지식을 가진 다양한 사람들이 존재하는 것이라고 한다. 이는 고도의 지적 집단이 형성되어야 할 필요성을 강조한 것이다.

과거 세계에는 知의 거점이 한정되어 있었다. 그중에서 일본의 노벨과학상 수상자가 가장 많이 배출된 소립자 물리학 분야에는 양자역학의 아버지인 Niels Henrik David Bohr의 연구소에서 만들어진 「Der Kopenhagener Geist - 코펜하겐 정신」이라고 불리는 평등하고 자유 활달한 연구 문화 기풍(Ethos)이 중요한 영향을 끼쳤다. 메이지 시대에 일본의 소립자 물리학의 원류(源流)를 만든 니시나는 귀국한 후, 자신이 근무하는 이화연구소에 Bohr의 연구소의 평등하고 자유 활달한 연구소 문화를 도입했다. 도모나가는 이 기풍(Ethos)을 도입한 이화학연구소를 '과학자의 자유로운 낙원'이라고 불렀으며, 유카와 등과 함께 노벨과학상 배출로 연결되었다.

이처럼 우수한 연구 환경은 세계적으로 뛰어난 지도자 또는 노벨과학상급의 연구자를 중심으로 자유 활달한 분위기에서 만들어진다. 이러한 기풍은 이화학연구소만 아니라 교토대학, 나고야대학, 오사카대학, 오사카시립대학, 규슈대학, 도호구대학, 호가이도대학 등 국내 대학에도 전파되어 연구실의 전통과 학풍이 되고 연구자의 정신적 지주(支柱)가 되었고, 많은 노벨과학상 수상자를 배출했다. 이미 말했듯이 2차 대전 후 어려운 환경 속에서 연구를 진행하고 노벨화학상을 수상한 후쿠이 겐이치를 포함한 많은 과학자가 열악한 환경에서도 뛰어난 연구가 가능했던 배경에는 이러한 환경이 있었기 때문이다.

또 다른 것으로는 일본 내에서 형성된 중요한 知의 거점으로서 도쿄대학에서 시작된 제국대학이 있다. 도쿄대학은 1877년 창립부터 전국에서 가장 우수한 학생을 모집하여 일본 내 최고의 교육과 연구 환경을 만들어, 일본 최고의 知의 거점으로 현재에 이르고 있다. 도쿄대학은 창립 때부터 매우 우수한 인력이 모였으며, 도쿄대학으로부터 우수한 인재가 배출되어 전국으로 확산해 갔다. 그중에는 도쿄대학의 딱딱한 분위기가 싫어서 자유로운 분위기에서 연구하기 위해 지방으로 옮겨 새로운 知의 거점을 구축한 예가 많다.

이화학연구소의 니시나는 만년(晩年)에 "환경은 사람을 만들고 사람은 환경을 만든다."라고 언급한 바 있다. 창조적 환경은 知의 원류와 계보를 만들었다. 이는 사람에 의한 知의 연쇄(連鎖), 인적 연결(인맥), 학벌이라고 불리는 것으로, 이러한 知의 계보는 知의 거점과 일체가 되는 대학을 거점으로 확대되고 발전해 왔다. 이 知의 계보 중에는 일본의 소립자 물리학 분야가 가장 명확하면서 전형적인 예가 되고 있다. 나가오카에서 시작되고 니시나에 의해 원류를 형성한 이 계보는 유카와, 도모나가 등으로 연결되어 확산되어 지금까지 흘러오고 있다. 화학, 생리학·의학 분야에 대해서는 다음에 설명한다.

• 학문 · 기초과학의 풍토

연구 개발에는 기초, 응용, 개발의 세 가지 형태가 있다. 이 중에서 노벨과학상의 대상이 되는 기초과학은 구체적인 용도와 응용을 고려하지 않고 새로운 지식을 얻기 위해 실시하는 이론적이고 실험적인 연구이다. 기초과학은 오랜 기간이 걸리고 성과가 잘 나오기 어려우며, 실패할 위험성이 큰 것을 특징으로 한다. 더구나 연구자는 충실하고 참을성 있게 연구에 매진하고 결과를 겸손하게 받아들여야 한다. 이러한 연구자의 기본 자세와 노력에는 주변 사람도 받아들이고 평가하는 풍토가 필요하다.

일본 내에서는 일본이 기초과학에 약하거나 기초과학 연구의 후진국이라는 목소리가 많지만, 기초과학에서 노벨과학상을 수상한 숫자를 보면 이러한 평가는 정당한 관점이 아닌 것으로 판단된다. 일본에서는 에도 시대, 봉건 시대의 지배 계급인 무사 계급뿐만 아니라 서민들 사이에도 읽기·쓰기·산술이 널리 보급될 정도로 높은 교육 수준을 자랑했으며, 학문에 대한 인식도 꽤 높은 수준에 머물러 있었다. 이러한 환경은 중앙뿐만 아니라 지방에서도 마찬가지였으며, 오히려 지방은 독자적인 교육과 기술력을 가지고 있을 정도로 대단했다. 국가 건설의 시대인 메이지 시대에 활약한 나가오카 한타로 같은 과학자나 유카와 히데키 등 그 후계자들의 대부분은 순수하게 한학(漢學) 등의 학문을 존중한 사람들이었다.

또한 일본 전국에 서양 과학자의 연고지가 많이 보존되고 있는 것도 학문의 풍토 조성에 기여하였다. 도쿄를 비롯해 전국 각지에는 메이지 시대부터 일본인이 접촉한 서양의 과학과 과학자에 대한 유적이 많이 보존되어 있으며, 이곳은 일본인에게 동경과 경외심의 대상이 되고 있다. 예를 들어 '뉴턴의 사과 나무'는 영국의 런던에서 물려받은 묘목을 키어서 보존하는 것인데, 그 한 개를 저자도 하마마쓰 시의 과학관에서 본 적이 있다. 과학자, 특히 기초연구자들에게 요구되는 중요한 자질은 개인이 처한 환경과 함께 사회 전체에 형성되어 있는 학문적 풍토에서 키워지는 것이다.

• 기술 · 물건 만들기(모노츠쿠리)의 풍토

일본의 경우, 기업이 최고 수준의 기술력을 가지고 있고 최첨단 연구를 할 수 있는 장치와 도구를 소유하고 있어 과학 연구의 Infrastructure를 가지고 있다는 특징이 있다. 유카와의 중간자 이론을 검증한 Willson의 안개 상자는 이화학연구소 연구팀의 손으로 제작된 것이었다. 또한 고바야시와 마스카와의 이론을 검증한 세계 최고 속도의 소립자 가속기, 고시바의 뉴트리노 관측 시설인 가미오칸데, 다나카의 시마즈제작소의 실험 설비 모두가 일본의 국산 기술로 만든 것이다. 또한 2014년도 노벨 물리학상 수상자인 나카무라 슈지는 노벨상 수상에 필수적인 MOCVD(유기 금속 화학 기상 성장법)을 포함한 모든 실험 장치를 자기 부담으로 다루는 연구자이다. 자기 부담으로 실험 장치를 만드는 것은 비용 절감 이상으로 섬세한 곳까지 희망을 반영하기 쉽고, 누구보다 빨리 세계 최고 최초의 실험을 할 수 있고, 연구 비밀이 노출되는 것을 방지할 수 있다는 장점이 있다.

일본에서는 에도 시대(1603년~1868년)부터 장인(匠人·다쿠미)을 존중하는 문화가 있었으며, 전문 기술을 가진 사람을 높이 평가하고 존중해 왔다. 100년 이상 존속된 소기업 노포(老鋪·시니세)가 널리 존중받았고, 물건 만들기(모노츠쿠리)의 전통을 후대에 계승하여 계속성을 유지하는 풍토가 일본 국내에 정착되었다. 이러한 가업(家業) 기술을 바탕으로 세계 최고의 도구나 설비를 갖출 수 있었고, 이를 통해 세계 최고의 기초연구가 가능해졌다. 단순히 남이 만든 것을 빌려 쓰는 것이 아닌 독자적 기술의 축적은 실험 연구의 새로운 발전으로 이어지게 되었다.

주자학(朱子学)의 자연관이나 세계관이 메이지 시대에 와서 서양의 과학기술을 수용할 수 있는 환경이 되었다고 한다. 아울러 이러한 정신적 지주를 바탕으로, 국가 차원의 과학기술 지원 체제가 큰 영향을 주었다고 볼 수 있다.

• 국책과 자조(自助) 노력

일본은 한국처럼 경제 부진 속에서도 연구 개발(R&D)에 대한 투자를 계속해 왔다. 이러한 지속성은 노벨과학상의 대상이 되는 기초과학 연구의 중요한 전제이다. 대학 및 독립행정법인의 연구 개발기관은 국가 예산으로, 기업연구소는 독자적인 투자를 통해 국책적인 특정 프로젝트(대규모, 장기간, 장기투자 목표 등) 등에서 독자적으로 또는 산·관·학이 공동으로 추진해 왔다. 그러나 수년 전 정권 교체(2009년 9월~2012년 12월)에 의해 R&D투자에 대한 재검토가 있었고, 연구 개발 투자 축소가 있었다. 그러나 이는 국력 감퇴로 연결되었다고 지적되면서, 그 후 현재 정권(2012년 12월)이 출범하면서 국가의 R&D투자가 다시 증가하게 되었다. 특히 전 정권에서 도마에 올랐던 Supercomputer기술이나 21세기의 최대 중요 과제의 하나인 의료 산업 기술에 직결되는 재생 의료 기술 등에의 투자가 현저히 증가했다. 이는 현 정권의 성장 전략에 의한 것이다. 이러한 상황에서 옛 국립대학이나 연구기관 등을 법인화하면서, 임무 및 관리 시스템의 재검토, 평가 제도, 효율적인 운영 방안 등 변혁을 진행하고 있다. 이러한 시대적 요청에 부응하여 변혁을 추진한 대학과 연구기관은 향후 노벨과학상 수상자 배출에도 좋은 영향을 미칠 것으로 기대된다.

도쿄대학와 함께 일본의 기초과학 연구를 선도하고 있는 이화학연구소의 설립 경위를 보면, 메이지 시대부터 일본이 기초과학 분야에서 국가 차원의 투자에 적극적이었다는 사실을 알 수 있다. 1913년 이화학연구소의 설립이 제창되었고, 그로부터 2년 후인 1915년에 이화학연구소 설립 법안이 제국 의회에서 성립되었으며, 이 다음해인 1916년에 국고 보조에 관한 법률이 교부되는 등 빠른 속도로 설립이 진행되었다. 때마침 1915년은 Einstein이 일반 상대성 원리를 발표한 해이기도 하다.

전쟁 전·후와 1945년의 패전 등을 계기로 일본의 과학기술 정책은 큰 전환을 가져왔다. 전쟁 전에는 유럽을 중심으로, 그리고 전쟁 후에는 미국에서 선진 정보를 얻고 인재를 파견하는 등 과학기술력 향상에 힘썼다. 메이지 시대부터 종전에 이르는 사이에 발생한 일본인의 진보한 과학기술에 대한 민감한 반응은 전쟁 후에도 지속되었다. 예를 들면, 도쿄대학에서 전투기를 설계하던 이토카와 히데요교수도 그 한 사람이다. 이토카와는 전쟁 후에 GHQ의 허가를 얻어 미국으로 갈 수 있었다. 그는 미국에서 세계가 이미 우주에 눈을 돌리고 있음을 깨달았고, 뚜렷한 목적을 가지고 귀국하여 일본의 국산 로켓 제1호인 펜슬 로켓을 개발하여 1955년 4월에 발사하였다. 이로써 그는 일본의 우주 개발과 로켓 개발의 아버지가 되었다.

국제적인 과학기술의 경쟁이 날로 심해지는 가운데, 일본은 과학기술 창조입국의 기본 목표와 과학기술 진흥의 신념을 담고 있는 과학기술기본법을 1995년에 제정하였고, 법에 의거한 과학기술정책을 구체화하기 위하여 제1기 과학기술기본계획을 1996년에 정하였다. 그 후 2001년에 세운 제2기 과학기술기본계획에는 노벨과학상 수상자를 50년 내에 약 30명을 배출한다는 구체적 목표를 내세웠으며, 2006년에 세운 제3기 계획에는 그 실현에 기여하기 위한 시책을 책정했다. 이러한 일련의 계획을 통해 국제적인 톱 레벨의 연구 거점과 인재 육성을 위해 2002년부터 21세기 COE프로젝트, 글로벌 COE, 세계 톱 레벨 연구 거점 프로그램 WPI 등을 운영하고 있다. 일본의 과학기술정책에 관한 상세한 내용은 후술한다.

이상과 같은 요인이 종합하여 만들어진 知의 환경인 知의 Infrastructure 는 과학자 한 사람 한 사람이 의도하고 노력하는 것만으로 이루어지 는 것이 아니다. 이러한 생각을 공유하는 국민과 시의 적절한 지원 정 책 그리고 오랜 세월에 걸친 인고(忍苦)의 노력이 합쳐진 열매인 것이 다. 일본은 이미 메이지 시대부터 知의 Infrastructure를 만들기 시작한 나라이다. 앞에서 살펴본 것처럼 새로운 이론의 제창과 새로운 발견을 하고, 이의 검증이나 응용 등을 순수 일본 국산으로 실행하여 노벨과 학상을 수상해 온 사례가 2000년에 들어와서 노벨과학상이 속출하는 근거로 작용하고 있는 것이다.

▶ 일본의 기초과학이 강하게 된 원천(창조성의 환경인 知의 거점과 知의 계보)

여기에서는 전술한 知의 거점과 知의 계보에 대한 구체적인 사례를 소개한다. 창조적인 연구를 하기 위해서는 창조성의 환경이 필수 요인 이다.

• 창조성의 환경 「知의 거점」

최근 노벨과학상 수상자가 어느 나라의 사람인가에 관심을 두기보다 는 어느 대학, 어느 연구소, 어느 기업에 속하고 있는지에 대한 관심 이 쏠리고 있다. 창조성의 환경인 知의 거점에 관심이 있는 것이다. 이 러한 현상은 일본의 기초과학 수준과 노벨과학상 수상자 배출 배경 등 을 검증하는 데 매우 중요하므로 여기에서는 일본의 知의 거점에 대해 검토하고자 한다. 이를 검토하는 데 필요한 참고 자료는 다음과 같이 다양하다. 2012년까지의 노벨과학상 수상자와 후보자의 수, 知의 계보(系譜)의 원류(源流), 2012년~2013년도의 TIMES 지가 발표한 세계 대학 순위 가운데 Physical Sciences, Life Science 및 Engineering & Technology의 랭킹, Thomson Reuter사의 2002년~2012년 間 노벨과학상 유력 후보자(Thomson Reuters인용 榮譽章) 수상자의 수와 고피인용(高被引用) 눈문 수 등의 지수(指數), Elsevier의 초록·인용 문헌 데이터베이스인 SciVerse Scopus의 게재·인용 논문 수, Nature와 Science게재 논문 수, Chemical Abstract의 게재 과학 논문 초록 수 그리고 일본 문부과학성 과학연구비 보조금이나 기업으로부터 받은 외부 자금, 각종 재단의 연구 조성 자금 등과 같은 자료를 최신 데이터를 중심으로 종합적으로 비교하기로 한다. 아울러 세계 최고 수준의 대학 연구 역량 육성을 위해 일본 문부과학성이 2002년부터 시작한 21세기 COE프로그램과 후속 사업으로 2009년에 시작된 국제 경쟁력 구조를 추진하는 글로벌 COE프로젝트, 세계 톱 레벨 연구 거점 프로그램 WPI 등 일본 국내의 중요 연구사업에 채택된 대학도 포함하였다.

이러한 자료를 검토한 결과, 모든 비교 항목에서 도쿄대학가 크게 뛰어나며, 그다음으로는 교토대학이 따르고 있다. 이 두 대학이 일본 대학 연구를 대표하는 추세가 명백하다. 다음에 오사카대학, 도호쿠대학, 나고야대학, 도쿄공업대, 규슈대학, 호카이도대학 등 국립 대학이 압도적으로 상위권을 차지하고 있다. 다만 이들 대학의 경우, 대학 전체를 나타내는 막연한 평균값이 아니라 연구실이나 연구소 및 21세기

COE프로그램, 글로벌 COE, 세계 톱 레벨 연구 거점 프로그램 WPI 등과 같이 구체적인 연구 프로젝트와 연구 활동이 대상이 된다. 한편 연구기관 중에는 이화학연구소(RIKEN)가 단연 앞서고, 이어서 산업기술종합연구소(AIST), 물질재료연구기구로 이어진다. 이들 기관은 모두 국립기관으로, 도쿄대학과의 연계가 진행되고 있는 독립행정법인 연구기관이다.

여기서 지적하고 싶은 것은 知의 거점이란 역동성이 있다는 점이다. 특히 인재 측면에서는 이동성이 높고 우수한 과학자, 연구자가 知의 거점에 모이고 분화해 간다. 전쟁 전, 도쿄대학 졸업자가 지방대학 등으로 이동하고 독자의 知의 거점을 전국 각지에 만들어서 노벨과학상에 이른 사례를 이미 앞에서 살펴보았다. 현재 도쿄대학에는 이전보다 더 활발한 인적 유동성(Mobility)이 일어나고 있다. 흥미로운 것은 도쿄대학의 인재가 지방대학으로 이동할 뿐만 아니라 지방대학의 우수 연구자가 도쿄대학으로 이동하여 활약을 하고 있다는 점이다. 이러한 유동성이 국제적으로도 활발해지면, 知의 거점의 국제화가 진행되는 것이다. 이러한 일본의 知의 거점을 체계적으로 벤치마킹함으로써 일본의 知의 거범의 실력을 상세하게 규명할 수 있을 것이다.

• 창조성의 환경 「知의 계보」

일본에서 노벨과학상이 속출하는 배경에는 메이지 시대부터 이어져 온 知의 계보가 있다. 知의 계보는 과학자들의 개별적이고 인간적인 만남이며, 인재와 풍토를 육성하는 사제의 관계이며, 오랜 세월에 걸쳐 형성된 계승이다. 그 배경에는 源流가 되는 그 시대가 낳은 과학자가 있고, 그 과학자 주변에 후계자가 모여들어 오랜 세월이 흐르면서 知의 계보가 형성된 것이다. 그리고 그 계보는 지금도 이어져 일본 국내의 대학이나 연구소, 기업 등에서 다음의 노벨과학상 수상을 기다리고 있다. 이 계보는 위에서 설명한 知의 거점을 중심으로 전국으로 확대된다. 거기에는 유례가 드문 학풍, 분위기, 전통 등 문화(Ethos)가 조성되고, 전승되면서 다음의 노벨과학상 후보를 만들어 가고 있다.

다음은 노벨과학상의 물리학, 화학, 생리학·의학 분야에 있어서 일본의 知의 계보를 분석한 것이다.

소립자 물리학

일본이 세계에서 자랑하는 소립자 물리학 분야를 먼저 살펴본다. 이화학연구소의 나가오카 한타로(도쿄대학 졸업)와 니시나 요시오(도쿄대학 졸업)를 源流로 하는 일본의 소립자 물리학 분야는 유카와와 도모나가로 이어졌다. 유카와는 교토대학을 중심으로 나고야대학으로 분화하면서 사카타, 고바야시, 마스카와 등에게 계승되었다. 한편 도모나가는 도쿄대학을 중심으로 남부, 고시바 등으로 연결되어 양측 모두 맥맥이 知의 사슬이 이어졌고, 知의 계보에서 노벨과학상 수상자들이 배출된 것이다.

유카와는 교토대학에서 니시나의 코펜하겐 정신(3-1-1⑵ 참조)을 계승하고, 은퇴 후에도 유카와 특유의 혼돈 정신을 가진 혼돈회(混沌會)라는 연구회를 만들어 유지했다. 이 연구회는 유카와에게 신(神)적인 외경(畏敬)과 함께 과학자라는 대등 의식이 혼재되어 독특한 분위기를 자아내고 있었다. 이러한 정신은 교토대학이나 나고야대학으로 뿌리를 내리어 갔다. 한편 도쿄대학에서는 도모나가 이론을 배운 남부가 있고, 도모나가의 영향을 받은 뉴트리노 연구자 집단이 형성되었다. 이는 고시바를 중심으로 한 도쿄대학, 고에너지연구기구(KEK)의 과학자 집단이다. 그중에는 고바야시와 마스카와와 마찬가지로 노벨과학상에 가장 가깝게 접근하였으나 아깝게도 별세한 도츠카 요지가 있다. 뉴트리노 연구는 일본이 독주하는 분야이며 독자적인 방법으로, 지금도 여전히 많은 과학자에게 계승되고 있다.

일본의 물리학 분야에서의 知의 계보는 또 다른 흐름을 만들고 있다. 1973년에 노벨물리학상을 수상한 에사키 레오나의 경우이다. 에사키는 도쿄대학 교수였으며, 이화학연구소의 사이클로트론에 깊게 관계한 사가네 료키치(나가오카 한타로의 五男)의 제자였고, 이화학연구소의 知의 계보 속에서 교육을 받은 사람이다. 노벨과학상 후보로서 몇 번이나 화제에 오른 청색 발광 다이오드의 개발자인 나카무라 슈우지는 에사키의 영향을 받은 과학자로, 에사키가 IBM Watson연구소에 초빙한 적도 있다. 또한 중력파 관측에서 화제가 된 천문학과 원자핵 물리학·입자 물리학을 연결하여 우주 물리학 분야의 선구자가 된 하야시 시주로와 제자인 사토 가츠히코도 주목받는 과학자이다.

화학

화학 분야에서 최초의 노벨상 수상자인 후쿠이 겐이치는 교토대학의 知의 계보에 속한 과학자이다. 교토대학 공학부 응용 화학 교과를 만든 기타 겐에츠 교수(1906년 도쿄대학 졸업)가 그 원류가 된다. 기타는 기초를 중시하는 입장에서 응용 화학을 전공하는 학생들이 이학부의 화학 관련 강의를 모두 수강하게 하는 정도로 철저하였다. 기타는 도쿄대학을 졸업한 후에 이화학연구소의 주임연구원으로 연구생활을 했고, 나가오카 한타로, 노벨과학상 후보로 세 번(1914, 1927, 1936)이나 이름을 올린 스즈키 우메타로(도쿄대학 농학부 교수) 등과 같은 知의 거점에 속해 있었다. 기타가 교토대학에서 기초를 중시하는 知의 거점을 만든 배경으로는 자유 활달한 분위기를 가진 이화학연구소의 근무 경험과 모교인 도쿄대학의 권위주의와 폐색감을 타파하고 싶었기 때문이라고 한다. 기타의 전통을 계승한 고다마 신지로 교수도 이화학연구소에서 연구 생활을 했다. 그리고 후쿠이는 기타 겐이츠와 고다마 신지로의 知의 계보를 이은 화학자 이다. 이들은 유례가 드문 자유로운 학풍을 만든 것으로 유명하다. 그 학풍을 한마디로 설명하기는 힘들지만, "공대에서 이론 연구를 한다."라고 표현할 수 있다.

노벨화학상 수상자인 노요리는 후쿠이의 후배로, 교토대학의 화학자이다. 노요리의 연구 업적이 산업 기술에 너무 가까워 노벨과학상은 힘들 것이라는 평가에 대해 후쿠이는 "노요리의 업적은 화학 반응의 기초이며 노벨상 수상은 충분히 가능하다."라고 단언했다고 한다. 기초 중시의 知의 계보에 속한 선배·후배 관계를 보여 주는 대표적인 경우이다. 한편 노요리는 노벨화학상 수상자인 시모무라와 함께 나고야대학의 유기 화학자인 히라타 요시마사 교수(1941년 도쿄대학 졸업)를 원류로 하는 知의 계보에도 속해 있었다. 히라타는 좋은 뜻의 방임주의의 학풍을 만들었다고 한다. 교토대학의 기타 겐이츠와 같이 히라타도 권위주의의 도쿄대학에서 벗어나, 설립된 지 얼마 되지 않은 지방의 舊제국대학인 나고야대학으로 온 과학자 중 한 명이었다. 거기서 자유로우며 실험을 중시하는 학풍을 만들었다. 그것을 이어받은 자가 시모무라이며 노요리였다.

이외에 시라카와 히데키, 다나카 고이치, 스즈키 아키라, 네기시 에이이치 등도 모두 舊제국대학(국립대학)에서 공부하고, 공통되는 특이한 학풍 속에서 양성된 화학자들이다.

이상의 사실을 단순화하여 다음과 같이 말할 수 있다. 즉, 도쿄대학 출신이 이화학연구소를 발판 삼아 전국으로 확산해서 전국의 국립대학을 중심으로 일본의 소립자 물리학이나 화학의 知의 계보를 만들고, 다음 세대에 연결되어 노벨과학상급의 연구자를 배출한 것이다.

생명과학

일본의 생명과학의 知의 원류는 메이지 시대의 세균 학자 기타자토 시바사부로(1883년 도쿄대학 졸업)이다. 기타자토는 해외에서 면역 혈청 요법을 개발하고 외국의 최신 의료 기술을 일본으로 가져왔으며, 도쿄에 전염병연구소를 설립(1892년)하여 최첨단의 연구와 후진 육성에 힘썼다. 기타자토는 1901년에 노벨과학상 후보로 올랐으나 수상에는 성공하지 못했다. 기타자토의 연구소에서 배운 젊은 세대 중에는 기타자토의 제자이며 세균학 연구를 하여 몇 차례 노벨과학상 후보가 된 노구치 히데요가 있었다. 기타자토는 그 후 게이오대학 의학부의 초대 학장에 취임해서 게이오대학에서 노벨과학상 후보가 된 연구자를 기르고 있다.

일본에서 최초의 노벨생리·의학상 수상자가 된 도네가와 스스무가 교토대학 시절의 은사로 추앙한 와타나베 이타루(1916년~2007년, 1940년 도쿄대학 졸업)는 교토대학에서 바이러스연구소를 창설(1959년)하고, 분자생물학의 거점을 만들었다. 와타나베의 은사는 물리학자인 도쿄대학의 미즈시마 산이치로 교수이며, 노벨물리학상을 수상한 유카와 히데키도 관심을 갖고 있었다는 분자생물학을 만들었고, 이는 도네가와로 이어졌다.

전쟁 후 일본의 기초 의학의 길을 열고 知의 원류가 된 또 다른 의학자는 오사카대학 Bio-Science연구소의 하야이시 오사무(1920년 출생) 이사장이다. 하야이시는 미국 Stanford대학에서 기초 의학을 공부하고 귀국해서 Bio-Science연구소 이사장으로서 知의 계보를 만들었다. 하야이시의 知의 계보에는 Thomson-Reutors가 독자적으로 운영하는 노벨생리학·의학상의 후보로 선정된 前 고베대학 총장인 니시즈카 야스토미나 니시즈카의 지도를 받으면서 Thomson-Reutors에서 운영하는 최첨단 기술 영역에서 활약하는 연구자에 선정된 교토대학의 혼조 다스쿠교수도 있다. 하야이시는 「하야이시 도장(道場)」이라고 하는 독특한 점심 세미나를 열어 知의 전달을 하고 있다. 이러한 하야이시의 知의 계보는 세계적인 바이오 연구자의 보고(寶庫)로 알려져 있다.

▶ 일본의 知의 버팀목인 지방 제조업("모노츠쿠리")이 강한 배경

일본의 지방 제조업 "모노츠쿠리"의 강점은 노벨과학상 수상을 가능케 한 힘이었다. 일본 최초 노벨과학상 수상자인 유카와 히데키부터 2014년 수상자인 아카사키, 아마노, 나카무라에 이르기까지 다수의 수상이 일본의 국산 실험 설비의 기술력을 바탕으로 하여 노벨과학상 수상에 이르렀다.

이화학연구소는 1910년대 Willson의 안개 상자를 연구자들이 직접 만들어 유카와가 1912년에 예상한 중간자를 관찰하여 노벨물리학상 수상을 도왔다. 최근의 예로는 고바야시와 마스카와의 CP대칭성의 파괴 이론이 고바야시가 소속한 KEK(고에너지가속기 연구기구)의 가속기에 의해 검증되고 노벨물리학상을 수상한 예가 있다.

일본의 사이클로트론의 역사는 니시나 요시오가 1937년 이화학연구소에서 직접 설계·건설하면서 시작됐다. 그리고 1944년에 대형화(1944년)에 성공했으며, 1964년 중이온가속기 시대에 진입하였다. 그러나 종전 직후 미군정(GHQ)에 의해 사이클로트론은 바다에 투기되었다. 그 후, KEK에 이르러 새로운 국산의 역사를 쓰게 되었다. 또 고시바 마사토시가 뉴트리노 관측으로 노벨물리학상을 수상한 것 역시 일본 국산 실험 설비의 성과였다. 지방의 한 기업이 세계에 하나밖에 없는 최대의 광전자 배증관을 만들어 뉴트리노 관측 시설인 가미오칸데를 만든 것이다.

특히 2002년에 일본의 강한 지방 기업에 관심이 집중되었다. 고시바

마사토시 교수와 다나카 고이치 시마즈제작소 펠로우가 더블 노벨과학상 수상자로 선정되었기 때문이다. 이들은 지방(하마마쓰와 교토)의 기업과 밀접한 관계가 있었기 때문에 화제로 떠올랐다. 고시바는 하마마쓰 시의 하마마쓰포토닉스社이고, 다나카는 교토 시의 시마즈제작소이다. 또한 나카무라는 지방 대학에서 모노츠쿠리를 배우고 같은 지방의 중소기업에서 노벨상의 연구를 한 것이다. 일본의 강한 기업은 수도 도쿄의 재벌 대기업뿐만 아니라 지방 중소기업 또는 개인 영세기업에 이르기까지 다양한 영역에서 볼 수 있다. 이와 같이 일본의 강한 모노츠쿠리 능력이 일본 산업 발전의 원동력이며, 동시에 더블 노벨과학상 수상을 가능케 한 토대였다고 할 수 있다.

일본의 지방 기업이 강한 이유와 배경에 대해 거시적인 관점에서 검토해 보겠다. 일본의 강한 모노츠쿠리의 요인은 정책적 배경에서의 기술론, 자연 풍토적인 배경, 역사적인 요인, 정신론에 이르기까지 다양하다. 이들 요인들이 종합적이고 장기간에 걸쳐 작용하여 강한 지방 기업(모노츠쿠리의 힘)이 만들어졌다. 이에 관해서는 많은 참고 자료가 있으며, 여기서는 주요 요점으로 생각되는 몇 가지를 제시하면서 저자의 개인적인 경험과 인상, 관찰 등도 기술하고자 한다.

다음에 제시하는 일본의 강한 모노츠쿠리의 힘은 창조성의 환경인 知의 버팀목이자, 노벨과학상 수상의 원동력이 되었다고 생각한다.

• 역사적 배경
도쿠가와 시대(1603–1868년) 전국에 있던 藩(봉건 시대 지방 행정 단위)의 영주(領主)는 재량권을 가지고 독자적으로 과학기술 진흥에 힘썼고, 이 것이 메이지 시대의 근대화에 큰 역할을 하였다. 예를 들면 규슈(九州)에 있던 사가(佐賀)의 藩은 대포 제조 기술에 능하였고, 그 기술과 경험을 가진 전문가들이 일본 최초의 증기 기관차를 독자적으로 제조하고 일본 최초의 증기선 제조에 핵심적 역할을 하여, 신생 일본의 산업 창생기에 중요한 역할을 수행했다. 참고로 대표적인 일본의 전기 제품 메이커인 도시바의 창설자인 다나카 히사시게도 사가현 출신이다.

藩의 지방 특색 산업과 이를 뒷받침한 기술과 창의력이 바탕이 되고, 메이지 정부가 국가 정책으로 추진한 정부 공장이나 대학 등의 지방 설치 등이 지방의 산업을 발전시키고 기술력을 키운 원동력이 되었다. 이러한 예를 하마마쓰(浜松)시에서 살펴보면 다음과 같다. 도쿠가와 시대의 하마마쓰 지역의 특색 산업은 면직물이었으며, 이것이 메이지 시대에는 자동 직기, 쇼와 시대에는 공작 기계 산업으로 발전했다. 또한 하마마쓰의 제재업(製材業)은 지방 특색 산업으로 크게 발달하여, 메이지 시대의 자동 직기(織機)와 함께 하마마쓰 市를 세계적으로 유명하게 만든 악기 제조 기업(YAMAHA, KAWAI등)이 등장했다. 이에 따라 목공 기계 산업이 진흥하게 되었다. 이들 산업은 전쟁 후 악기의 전자화, 자동차 · 이륜차(혼다, 야마하, 스즈키 등), 공작 기계, 목공 기계, 금속 가공 산업 등으로 이어져 하마마쓰 포토닉스 등 오늘의 전자 산업을 낳게 되었다. 에도 시대부터 시작된 선행 산업의 기술 축적이 메이지 이후까지 차례로 연결되어 새로운 산업을 창출해 갔다. 1912년에 설립된 철도원(鐵道院) 하마마쓰 공장과 1922년에 설립된 하마마쓰 고등공업학교(現

시즈오카대학 공학부) 등이 인재 · 기술 · 이론 등을 제공해서 하마마쓰 지방 특색 산업의 발전을 뒷받침하였다.

• 교육적 배경

국토가 좁고 지하자원이 부족한 경제 대국 일본이 성공한 수수께끼의 열쇠는 무엇보다 인적 자원 중심의 자본주의적 근대화 정책에 있다. 메이지 정부는 부국 강병과 함께 교육 입국 정책을 강력하게 추진하기 위해 사관 학교와 함께 국립 대학을 전국에 설치하고 인재 육성을 국시(國是)로 한 것에서 이 같은 사실을 알 수 있다. 국립 대학은 삿포로시, 센다이시, 도쿄도, 나고야시, 오사카시, 교토시, 후쿠오카시 등 주요 도시에 설립했다. 이 7대 도시 중 삿포로를 제외하고는 에도 막부 시대부터 주요 대명(大名 · 성주(城主))의 성시(城市)였던 중요한 도시들이다. 또한 국립 七대학에 추가하여 기타 주요 지방 도시에는 이기(二期)국립대학도 설립했다. 1877년 도쿄대학에서 시작하고 1939년 나고야대를 마지막으로 설립된 七 제국 대학에는 설립 당시부터 이(理) · 공(工) · 의(醫) 학부가 있었다. 이와 같이 일본의 대학은 이공계 교육에 힘을 기울인 이계(理系)복합 대학으로서의 긴 역사를 갖고 있다.

도쿠가와 말기(1860년대) 일본 서민의 식자율(識字率 · 문맹 퇴치율)은 세계 최고 수준에 있었는데, 이는 무사(武士)의 자제(子弟)뿐만 아니라 일반 서민도 거주지에 많이 있었던 寺子屋(테라고야, 서당)에서 읽기 · 쓰기 · 산술을 배운 것에 따른 것이다. 즉 반학(藩學)이나 사숙(私塾)에서 수준 높은 교육을 받은 지배층 자제와 寺子屋에서 배운 서민들이 일본

전역에 걸쳐 있었기 때문에 메이지 정부가 근대화를 시작했을 때 지방에서의 근대 산업 기술의 도입, 보급과 발전이 비교적 쉬웠다고 할 수 있다. 도쿠가와 시대에 영주(領主)의 재량에 의해 실시되었던 교육이 메이지 시대부터는 국립 대학을 통해 수준 높은 교육을 받은 인재가 지방에서 육성되어, 이 인력이 도시뿐만 아니라 지방에서도 활약하여 강한 지방을 형성할 수 있었다.

• 정신적 배경

일반적으로 일본인은 직업에 대한 전문성 지향 의식이 높고 책임감이나 자부심이 강하며, 사회적으로도 전문가를 존중하는 분위기이다. 일본 사회에는 직업의 계승성에 자부심을 가지고 백 년 이상의 전통을 갖는 노포(老鋪)에 대한 경의와 신뢰를 갖고 있다. "일본인은 장인(匠人)을 존중한다."라는 말이 있다. 이는 애사(愛社) 정신 또는 자신이 만든 것에 대한 애착심(愛着心)이라고도 말할 수 있으며, 도시나 지방 모두에서 공통으로 나타나는 국민성이라고 할 수 있다.

일본에는 창업 100년 이상의 전통 기업인 노포가 10만 개 이상 있으며, 그중 절반이 제조업("모노츠쿠리" 기업)이다. 이는 기업의 크기나 장소와는 무관하게 제조업("모노츠쿠리")에 대한 공통된 가치관이 스며 있음을 의미한다. 예를 들어, 오슬로에서 개최된 노벨상 90주년 기념식 만찬에서 사용된 서양식 식기는 이 분야 기술에 탁월한 일본 니가타 현 쓰바메(燕) 시의 한 노포의 금속 공업 회사가 특별 주문을 받아 제작한 것이다. 노포의 강점은 전통적 핵심 기술을 지키며 창의적인 연구를 지속한다는 것에 있다. 이것이 바로 창조 문화 풍토라고 말할 수 있는 것이다.

일본 사회의 윤리적 측면에서 큰 영향력을 갖는 것으로 '유교'가 있다. 한국에서 일본에 주자학이 알려진 때가 13세기 가마쿠라 시대인데, 도쿠가와 시대에 주자학의 이(理)와 기(氣) 중에서 理를 중시하였다. 이러한 사상적 배경이 1868년 메이지 유신 때 근대 산업을 받아들이는 윤리적 준비가 되었다고 한다. 이러한 사상적 배경은 특히 지방에 있어서 근대 산업의 발전을 위한 정신적인 기반이 되었다고 평가하고 있다. 그리고 쇄국(鎖國)의 도쿠가와 시대에서 서양의 지식을 배우는 난학(蘭學)이 시작되어 일본 고유의 정신 문화인 화혼양재(和魂洋才)의 계보와 연결됨으로 인해 메이지 시대에 이르러 서양의 발달된 과학 기술의 수용 소지를 만들게 되었다.

• 기업의 계열화

메이지 정부는 근대화를 진행하면서 전통적인 부문과 근대적인 부문 간의 대립을 피해 완만한 융합책을 취했다. 이로 인해 국책으로 거대하게 성장한 대기업에 대해 국민의 지지가 있었고, 특히 지방 사회의 지지를 얻기 쉬웠다고 할 수 있다. 이 덕분에 급성장한 근대화의 대기업과 전통 부문의 중소기업의 통합화가 비교적 쉬웠다. 대기업을 정점으로 한 계열화가 형성되고 대기업-중소기업의 하청 관계가 만들어졌으며, 지방에서 일자리가 만들어지면서 지방에 근착(根着)되었다. 일본은 대·중·소기업 간에 대립보다 공존 의식이 강하기 때문에 지방 산업의 발전에 매우 좋은 효과가 나타났다. 이러한 문화는 노벨상급의 사업을 함에 있어 기업 간의 관계에도 좋은 영향을 미치게 되었다.

• 기업 풍토

메이지 유신 이후 일본을 대표하는 연구 개발형 기업이 많이 배출된 배경으로는 지방의 특유한 풍습을 들 수 있다. 2002년의 더블 노벨과학상 수상자인 다나카 고이치와 시마즈제작소가 있는 교토, 그리고 고시바 마사토시의 수상에 기여한 하마마쓰 포토닉스가 있는 하마마쓰시가 좋은 예이다.

교토市의 강한 기업으로서 교세라, 오무론, 일본전산, 무라타제작소, 호리바제작소, 로움, 다이니혼 스크린제조, 다카라 주조(酒造), TOWA, 닌텐도 등 많이 들 수 있다. 하마마쓰市에는 야마하악기, 토요타자동차, 스즈키, 혼다기연(技研) 등이 있다. 이들 지방에는 특유의 기풍이 있고, 강한 산업의 정신적 버팀목이 있다. 교토에는 메이지 유신 이후 도쿄에 대한 대항심이 있었고, 하마마쓰에는 에도 시대부터 정부에 의존하지 않는 독립심과 자존심의 기풍이 있었다. 저자의 고향이 하마마쓰인데, 하마마쓰의 이러한 기풍을 어릴 때부터 실감하였다. 시마즈제작소는 이러한 기풍을 바탕으로 사훈(社訓)을 "독창적인 기술을 개발해 사회에 공헌한다."로 하고 있으며, 하마마쓰 포토닉스는 "눈앞의 이익보다 미지 미답의 영역을 탐구한다."를 사훈으로 내세우고 있다.

❷ 일본의 기초과학 실력과 향후 노벨과학상 전망

이 장에서는 향후에도 일본에서 노벨과학상 수상자가 속출할 수 있는지에 대해 검토코자 한다. 우선 저자의 답은 "YES"이다. 이러한 결론을 내린 데에는 몇 가지 이유가 있다.

우선 노벨과학상의 수상 대상에 대한 평가가 변화하고 있음을 들 수 있다. 새 이론의 제창이나 진리의 발견이라는 노벨과학상의 전통이라 할 수 있는 기초적인 학문과 과학에 대한 위대한 공헌에 추가하여, 응용이나 실용이라는 실적 중심의 내용도 수상 對象이 되는 사례가 두드러지고 있기 때문이다. 이러한 추세는 일본에게 유리하다고 생각된다. 2014년 나카무라 슈지가 노벨 물리학상을 수상한 것은 기업에 있는 연구자와 지방 대학에서 배우고 연구하는 젊은이들에게 커다란 희망과 가능성을 준 것임에 틀림없다.

다음으로 일본에는 노벨과학상 수상자의 주위에 노벨상급의 업적을 내기 위해 그 전제가 되는 창조성의 환경인 知의 거점, 知의 계보 및 知의 버팀목 등을 총칭한 知의 인프라가 여러 분야에 걸쳐 형성되고 있고, 전국적으로 확장·계승·발전하고 있기 때문이다.

이 두 가지 면에서 일본의 과학기술력이 여전히 인정되고 있다고 생각한다. 이와 더불어 과학자의 노벨과학상에 대한 의식이 높아지고 있다는 점도 지적할 수 있다.

▶ 일본의 기초과학력

제 2차 대전 후 일렉트로닉스나 자동차 등 첨단 산업을 발전시킨 일본은 1980년대에 이르러 최고의 호황을 이루었다. 이러한 호황에 대해 일본이 기초과학을 무임승차하고 있다는 비판을 받게 되었다. 이는 미국이나 유럽의 기초과학의 성과를 일본이 응용해서 산업을 급속히 발전시켰기 때문이다. 위험성이 따르고 막대한 투자를 수반하는 기초과학을 다른 나라에서 그대로 가져온 일본에 대한 비난이었다. 심지어는 여기저기서 일본의 기초과학 후진국론도 괴담처럼 떠돌았다.

일본은 이러한 악평에 손을 놓고 있었을까? 일본과학기술청(과학기술에 관한 기본 정책이나 종합 조정을 하는 중앙행정기관으로 1956년에 설립되었으며 2001년에 문부과학성으로 재편)은 1980년대에 기초연구를 강력하게 향상시키기 위한 대책으로 과학기술진흥조정비 및 전략적창조연구추진사업(발족 당시는 노벨과학상 분야인 물리학·화학·생리학·의학을 대상으로 한 "창조과학기술추진제도(ERATO)")을 만들어 대응했다. 이러한 정부에 의해 추진된 기초과학기술의 연구 개발 정책은 국내총생산(GDP) 대비 연구 개발비의 비중을 획기적으로 향상시키는 것으로, 2012년도에는 3.37%(자연과학만 대상)로 세계 1위이며 연구 개발의 성과물인 논문의 각종 지표에서도 세계 최상급의 성과를 나타내고 있다. 아울러 일본의 기초과학연구의 성과인 전문 학술 논문은 각종 국제 회의 등에서 공개되고 있는 것과 학회에서 발표되는 것이 질과 양의 모든 면에서 높은 공헌을 하고 있어, 일본 전문가들 사이에서 일본의 기초과학 무임승차론은 오해라는 의견이 표출되고 있다.

이러한 관점과 일본이 이미 노벨과학상 수상자를 19명이나 배출하였고, 매년 노벨과학상 후보자가 나오고 있는 상황과 노벨과학상급의 새로운 발견과 특허의 취득 수, 세계적인 연구 거점 수 등을 감안하면 일본 기초과학 연구 개발력은 세계 최고 수준에 있으며, 세계의 기초과학의 발전에 크게 기여하고 있는 것으로 평가할 수 있다.

▶ 노벨과학상의 대상이 되는 연구 업적의 변화

일본인이 기초과학에 약하다는 평가는 노벨과학상 수상 실적을 봤을 때 맞지 않는 표현이다. 동시에 일본인은 응용에 강하다고도 하는데, 이는 노벨과학상 수상 실적이나 산업기술의 발전을 봤을 때 맞는 표현으로 생각된다. 이러한 면으로 볼 때도, 향후 일본에서 노벨과학상 수상자가 다수 배출될 것이라고 생각된다. 게다가 노벨과학상 대상의 변화도 일본의 과학자에게 수상 기회가 확대되고 있음을 보여 준다.

그 변화란, 바로 이론보다 응용으로 전환해 가는 경향을 말한다. 이 변화에는 나름대로의 이유가 있다. 즉, 원리 원칙의 이론적인 연구 업적과 진리의 발견 등이 노벨과학상으로 인정받기 위해서는 실험 등에 의해 검증되는 것이 보통이다. 그러나 남부 요이치로나 야마나카 신야가 세계 최초로 작성에 성공한 iPS세포의 경우, 그 이론을 처음 제창한 Sir J.B. Gurdon 등은 새 이론이나 새로운 발견을 하고 나서 반세기가 지나서야 노벨과학상을 수상하는 등 상당한 세월이 걸렸다. 이와 같이 이론을 증명하는 데에는 많은 시간이 걸릴 뿐만 아니라 쉽지 않다. 반면에 산업기술이나 응용기술과 직결하는 실험적 발견은 리스크, 시간, 비용, 평가 등이 상대적으로 쉬운 면이 있다.

최근에 노벨과학상급의 기초연구에 필요한 실험 설비의 기술적 수준은 점점 높아지고 고가이며, 국제적으로 경쟁도 심해지고 있다. 그리고 경쟁자보다 더 우수하게 더 빠른 시간에 만들 것이 요구되고 있는데, 이러한 경향은 점점 가속화되고 있다. 또한 실험에 대한 연구자의 자세나 환경 등에서도 점점 높은 수준이 요구되고 있다. 이러한 변화에 대해서는 다나카, 노요리, 스즈키, 네기시 등 산업기술의 사례와 고시바의 관측 시설인 가미오칸데, 고바야시 · 마스카와의 노벨과학상 수상에 기여한 KEK의 가속기의 사례에서도 확인할 수 있다.

2014년 세 명의 일본인이 동시에 수상한 분야인 청색 LED는 적어도 두 가지 측면에서 흥미 있는 사례라고 생각된다. 먼저, 전술한 바와 같이 LED의 발명자와 일본인을 포함한 선구적인 개발자는 노벨 물리학상의 대상이 되지 않고, 그 후 실용화에 공헌한 일본인 연구자가 수상한 것이다. 획기적인 이론의 제창과 실증보다 실용화에 공헌한 일을 더 높이 평가한 것이다. 이러한 새로운 이론의 제창보다 실용화에 대한 높은 평가는 지금까지 해외에서 볼 수 있는 사례였지만, 이번에는 일본인에 대해서 이루어졌다. 매우 높은 사회, 산업에 대한 공헌이 앞으로는 높은 평가를 받을 것으로 예상된다.

이와 같이 노벨과학상의 내용 변화를 주시하면서 정책에 의한 지속적이고 안정적인 지원과 함께 환경 정비가 필요하다고 본다.

▶ 일본의 기초연구의 실력과 노벨과학상 후보자

　일본인이 기초과학과 기초연구를 어떻게 보고 있는지를 검증하는 것
은 그리 어려운 일이 아니다. 메이지 시대 초기, 해외에 가서 선진 문
물을 배우고 귀국한 선구적인 일본인 과학자들은 공통적으로 기초의
소중함을 강조했다. 미국에서 귀국한 공학자이며 약학자인 다카미네
죠키치는 세계의 산업계가 기계공업에서 이화학(理化學) 공업으로의 큰
변혁을 할 것을 예상하고, 1913년에 기초연구를 수행할 이화학연구소
의 설립을 주장했다. 이 연구소에서 니시나를 중심으로 미국 다음으
로 세계 두 번째인 '사이클로트론'이라는 기초연구시설을 건설한 것이
1930년대였다. 그 당시 일본은 지금처럼 GDP 세계 제3위를 차지하던
시절이 아니였다. 그럼에도 불구하고 기초연구에 필요한 값비싼 실험
시설을 만들었던 것이다.

　이것이 유카와에서 시작한 일본의 노벨물리학상 수상자의 배출로 이
어졌다. 또한 舊제국대학의 화학분야에서 시작하여 후쿠이, 노요리 등
으로 연결된 知의 계보에서도 기초가 중시되는 등 일본의 과학에서는
일찍부터 기초연구를 지향해 왔음을 알 수 있다. 2008년에 고바야시,
마스카와, 남부, 시모무라 등 세 명이 동시에 노벨과학상을 수상한 것
은 이와 같이 30년에 걸친 기초연구의 중시가 가져온 성과이다.

　일본인의 기초연구의 실력은 각 방면에서 인정되고 있다. 예를 들어
2002년~2012년의 Thomson-Reutors의 노벨상 유력 후보자(Thomson-
Reutors 引用 榮譽章)로 뽑힌 162명 중에 15명이 일본인 과학자이다. 그리

고 전문 분야별 THE Ranking에 도쿄대학과 교토대학이 상위권을 차지하고 있다. 그리고 무엇보다 중요한 것은 일본의 대표 대학인 도쿄대학이 아시아의 최고 수준에 있고, 상위에 랭크된 일본 대학이 많다는 것이다. 이는 세계적 수준에 있는 일본인 과학자층이 매우 두껍고, 이것이 일본의 기초과학의 힘임을 말한다. 더불어 이러한 연구자는 높은 수준의 대학에서 배출되는 것임을 증명한다.

아울러 노벨상 클래스의 세계 최고의 연구 성과가 탄생되기 위해서는 세계 최고 수준의 독창적인 연구 환경이 필요하다. 연구는 연구자 개인의 능력에 따라 이뤄지는 것이다. 따라서 세계 최고 수준의 연구자의 층이 두꺼울수록 노벨과학상 수상자의 배출 가능성이 높은 것은 당연한 이치이다. 이를 고려할 때, 일본에는 수많은 노벨과학상 추천자를 통해 선발위원회에 추천된 노벨과학상 후보자가 많을 것으로 예상된다. 그 이유는 노벨과학상 수상자라는 기존의 知의 계보가 있고, 또한 새로운 知의 계보와 知의 거점이 전국적으로 지속적으로 형성되고 있기 때문이다.

또 한 가지, 일본의 기초과학의 강점 중 하나로 '순수 국산'을 들 수 있다. 위에서 설명한 바와 같이, 각 전문 분야별로 일본 국내에 창조적인 환경이 조성되어 계승되고 있는 것이 힘이 되고 있다. 이는 연구나 실험 시설뿐만 아니라 교육에서도 볼 수 있다. 물리학·화학·생물학·수학 등 많은 기초과학 서적이 일본인의 연구 성과에 따라 일본어로 작성되고 간행되어 학생들에 의해 사용되고 있다. 이러한 경향은 도쿄대학 내에 있는 서점에서 흔히 볼 수 있는데, 이와 같이 자체 교재

를 사용함으로써 더욱 심도 있게 섬세한 교육을 실시하므로 지식 계승
이 용이한 면이 있다.

❸ 일본의 기초과학의 과제(일본의 과제와 약점)

앞에서 일본의 기초과학의 강점과 향후 노벨과학상의 속출 가능성을
살펴보았다. 그러나 일본의 기초과학에는 여러 과제도 있다. 어떤 문
제가 지적되고 있는지 정리해 보자.

· 연구 환경과 연구 지원의 과제

① 연구 환경의 악화와 연구 현장의 황폐화가 지적되고 있다. 대학에
는 잡무(雜務)가 많아 연구를 위한 시간과 집중이 담보되지 않고, 연
구·교육의 지원 체제가 빈약하다. 이는 실험 분야에서 큰 장애가
된다.

② 기초연구 분야에도 차분하게 연구에 몰입할 수 있는 분위기가 사
라지고 있다는 지적이 있다. 연구 현장에 경쟁 원리나 경제 논리가
적용되어 단기간에 성과를 내는 것이 요구되며, 행정 관리가 강해
져서 일 년 또는 수년간의 실적에 의해 연구 자금 배분이 정해짐에
따라 불안과 반발이 형성되고 있다.

③ 대학의 연구에서 신진 연구자를 지원하는 환경이 조성되어 있지
않다. 일본 문부과학성의 과학연구비보조자금(통칭 "과연비")는 중요
한 연구 자금원이지만, 지도 교수의 주도로 신청되고 사업 관리도

형식적이다. 이 때문에 신진 연구자가 수행할 연구 테마를 희생시
키고 있어, 기회를 살리기 어렵다는 지적이 있다.

④ 일본 문부과학성의 각종 사업은 연구 환경의 국제화를 위해 뿌리
는 용도가 많아서 전략적이고 독창적인 연구의 싹(芽)을 키우기 위
한 논의가 부족하다고 지적되고 있다.

• 위기적인 인재 확보의 과제

① 이 과제의 근본에는 급속히 진행되고 있는 인구 감소, 저출산 및
고령화의 문제가 있다. 또한 세대 교체에 의한 인재의 고갈 문제도
지적되고 있다.

② 이와 같이 일본 국내에서 국내 · 외 과학자의 확보가 힘들 뿐만 아
니라 해외 두뇌 집단의 수용 및 활용 기반도 나약하고 인재 육성
기반이 취약하다고 지적되고 있다. 일본인 젊은 세대가 박사가 되
고자 하는 의향이 적으며, 일본 국내에서 배출되는 박사급 인력 가
운데 상당수가 외국인 유학생인 현상이 고착화되고 있다.

③ 일본인의 젊은 층의 내향적(內向的) 지향이 위와 같은 열악한 상황
에 박차를 가하고 있다. 또한 연구자에 대한 낮은 대우(낮은 보수, 기
간을 제한 하는 계약 등)도 영향을 미친다.

• 일본 사회의 폐쇄성의 과제

① 국제적인 인재의 확보와 수용에 있어 일본 사회의 폐쇄적인 장해
요인이 많은 점이 지적된 지 오래되었지만, 개선의 속도가 느리다.

② 일본의 노벨과학상에 순수 국산의 실적이 늘어나고 있는 반면에 폐해도 지적되고 있다. 즉, 순국산(純國産)이라는 국내 지향성 때문에 연구 업적을 국제 사회에 발신 하거나 학회 발전에 공헌하기 위한 영어 교육이 더디게 되어, 일본인의 경쟁력 있는 교육에 지장이 되고 있고, 격화되는 글로벌 경쟁에 대한 대응이 느리다는 지적이 있다.

• 산·학 간 약한 제휴의 과제
① 향후 기초연구는 고도로 심화되고 산업기술은 극도로 전문화 됨과 동시에 새로운 분야가 지속적으로 발굴될 것으로 예상된다. 따라서 산업기술과 기초연구의 융합이 급속히 요구되어, 산·학 협력의 강화가 절실히 필요하다.
② 독창적이고 선구적인 실적이 사회적으로 확산되고, 노벨과학상 수상으로 연결될 것으로 예상된다. 그러나 아무리 일본에서는 독창적이고 선구적인 연구 업적을 내더라도 일본 국내 산업계에서 정당하게 평가되지 않고 해외에서 평가되어, 해외에서 응용이 진행되는 사례가 많다고 지적된다.
③ 또한 박사 학위 취특자와 연구자에 대한 일본 기업의 대우가 충분하지 못하며 지식재산, 즉 연구 업적과 특허에 대한 평가의 정당성이 불충분하고 회사 내의 취급도 불충분하다는 지적이 있다.

- **일본의 전략 분야의 약체화에 대한 과제**

① 일본의 과학기술 인프라 분야(전자 현미경, 질량 분석 장치 등 첨단 장치)가 약화되고 붕괴하고 있다는 점과 전략적 과학 분야(인간 게놈 등 생명과학 분야, 슈퍼 컴퓨터 등)에 뒤떨어지고 있음이 지적되고 있다.

② 국가 과학기술정책의 입안과 추진이 약화되어 노벨상과학상급과 세계 톱 수준의 연구 개발을 통한 국제 경쟁력 강화로 연결하는 국가 정책이 보이지 않는다는 지적이 있다.

③ 일본의 산업계에서 박사 인력 채용이 낮고 대우와 활용도가 낮은데 대한 개선이 필요하다는 지적이 있다.

- **노벨과학상에 대한 인식 부족**

① 매스 미디어를 비롯해서 일본 사회가 폭넓게 노벨과학상 수상의 본질, 학술 상 업적, 의미와 가치를 존중하고 직시하는 눈을 가져야 한다는 지적이 있다.

② 일본인의 노벨과학상 수상에 대해 단기적으로 환호하는 데만 그칠 것이 아니라 국민 차원에서 노벨과학상과 기초과학에 대한 올바른 이해와 국민적 합의를 형성해 가는 노력이 필요하다는 지적이 있다.

③ '노벨과학상은 분야에 주어진다'라고 할 정도로 매년 시상 분야를 사전에 기획하고 있음을 이해하고, 연구 실적의 우수성만을 가지고 막연히 기대하는 우를 범하지 말아야 한다.

④ 일본은 과학기술을 통해 국제 사회에 공헌을 하지 않으며 자기 평

가도 없이 무임승차로 노벨과학상을 수상하고 있으며, 연구 성과에 대해 좀 더 엄격한 평가를 실시하여야 한다는 지적이 있다. 노벨과학상 강국으로서의 노블레스 오블리주(Noblesse Oblige)를 이행하지 못하고 있다는 지적이다.

　위에서 언급한 과제들은 일본인들 사이에서 흔히 하는 지적들이다. 일본인 스스로가 이러한 문제를 인식하고 있으며 개별적으로 개선의 노력을 하고 있으나, 사회 전체가 개선 되려면 아직 시간이 걸릴 것 같다. 노벨과학상은 세계 톱 수준 중에서도 특별하게 뽑힌 과학자에게 주어지는 賞이므로 그 수는 지극히 한정되어 있다. 그러므로 이러한 일본의 과제가 한정된 개별 사례에서 개선되는 것만으로도 효과가 기대된다. 그러나 기초과학이나 노벨과학상 수상에는 많은 사람들이 관련되어 있으므로 사회 전체의 개선이 필요하다.
　또한 해외의 평가도 중요하고 고도의 전문성을 바탕으로 치열한 경쟁이 전개되는 상황에서는 미국처럼 다양한 인재의 유입에 의한 선두(先頭) 확보 모델이 주효하다고 생각된다. 획일적이고 폐쇄적인 사회에서 경쟁력과 창조성이 떨어지는 것은 자명하다. 노벨과학상 수상은 개개(個個) 연구자의 능력과 노력에 의해 이루어지지만, 사회와 국가 전체의 독창적인 연구를 낳는 환경과 문화가 대전제가 된다고 말할 수 있다.

4장

일본의 과학기술 정책의
경위

The Nobel Prize
1901-2014

ALFRED NOBEL

　일본은 메이지 시대(1868년~1912년) 초기에는 그 당시 세계 최고 수준의 과학기술력을 가지고 있던 유럽으로부터 과학기술 제도와 정책을 도입하였고, 2차 대전 후에는 미국으로부터 도입하였다. 그 결과, 2차 대전을 거치면서 국제사회에서 인정받는 과학기술 강국이 되었다. 여기에서는 2차 대전 후 일본의 과학기술 정책의 변화 과정을 10년 단위로 살펴보기로 한다.

❶ 1950년대 : 전후 회복기

• 전후 자력 갱생을 뒷받침하기 위한 과학기술의 도입
　패전국 일본은 식량난, 보건·위생 문제, 황폐한 경제 등 많은 난제를 안고 있었다. 일본 정부는 이러한 문제들을 해결하고 경제 부흥과 자립 갱생을 하기 위해서는 선진 기술의 도입이 필요하다고 생각하였다. 그리하여 우선 전쟁으로 단절된 외국과의 교류를 복원하여 선진 과학기술의 도입에 중점을 두었다.

• 식량 증산, 보건 · 의료의 발달 및 자원 확보 정책의 추진

전후 부족한 식량 문제를 해결하기 위해 농림수산업 분야의 과학기술 행정 체계를 정비하였다. 기계공업, 화학공업 등의 군수(軍需)기술을 이용하여 농업기계, 화학비료, 농약 등 농업 생산 자재의 개발과 공급에 중점을 두었다. 농업의 발달은 1960년대 일본이 고도 성장을 이루는 기초가 되었다.

또한 각종 전염병에 시달리던 일본은 1947년 국립예방위생연구소를 설립하여 보건 · 위생을 위한 연구개발 체제를 갖추었으며, 1950년대 들어 항생 물질 등 선진 의약품의 도입과 개발을 통해 의료기술이 크게 진보되었다.

천연자원이 없는 일본은 1947년 자원조사회를 경제안전본부의 부속 기관으로 설치하여 자원 확보를 위한 폭넓은 활동을 시작하였으며, 한정된 자원을 석탄 · 철강산업에 전략적으로 배정하고 이 분야의 발전을 통해 타 분야의 발전을 견인했다.

• 한국전쟁 특수(特需)를 통한 중화학공업의 성장과 기술 혁신

1950년 한국전쟁의 발발(勃發)은 일본의 설비 근대화에 불을 붙이는 계기가 되었고, 이로 인해 본격적인 기술 혁신의 시대에 진입할 수 있었다. 일본의 기술 혁신 중심에는 중화학공업이 있었다. 중화학공업기술의 종합화와 대형화는 타 산업의 기술 혁신으로 파급되었다. 일본의 산업이 급속한 중화학공업화로 진전되어, 2차 대전이 끝난 후 10년이 채 되지 못한 1950년대 후반에 광공업 생산 수준이 전쟁 전의 수준을 초월하였다.

일본의 기술 수준도 歐美 선진국의 수준에 접근하였으며, 1956년에 조선공업이 세계 톱이 되고, 1955년 트랜지스터라디오의 개발을 시작으로 이후 세탁기, 냉장고, TV 등 가전 제품이 속속 개발되었고, 1964년에는 합성섬유 수출에서 세계 최고가 되었다.

• 과학기술 혁신을 위한 과학기술 행정 체제의 구축

종전 직후 미국은 전시(戰時) 군수기술 공급의 중심이었던 내각기술원을 해체하고 항공기, 레이저, 방사성동위원소 분리 연구 등을 금지하였다. 그뿐만 아니라, 사이클로트론도 파괴하고 원자력에 관한 모든 연구를 금지하였다. 그러나 1952년 샌프란시스코 강화 조약이 발효되어 미군정이 끝나고 한국전쟁으로 인해 동북아시아 국제 정세가 급속히 변화되어 일본 열도의 중요성이 부각됨에 따라, 금지되었던 연구도 자연스럽게 해제되었다. 이에 따라 일본은 원자력 연구개발 체제를 갖추기 위해 1955년 원자력기본법을 제정하고 1956년에 원자력위원회, 원자력연료공사, 일본원자력연구소를 발족하였다.

또한 1950년대 중반에 들어 기술개발을 본격적으로 추진하기 위해 과학기술 추진 체계를 갖추기 시작했다. 민간(경제단체연합회)으로부터 과학기술 종합행정기관의 설치가 요청되어, 1956년 과학기술 진흥을 총괄하는 과학기술청, 과학기술회의 등 과학기술 행정기구를 설치하여 국가 과학기술 혁신 체계를 만들어 나갔다.

인력양성은 1951년 풀브라이트 제도가 발족되어 많은 인재가 미국에 유학했고, 이때 양성된 인력이 전후 일본 경제와 과학기술 발전에 크게 기여하였다. 1949년에는 일본인으로는 최초로 유카와 히데키가 노벨물리학상을 수상하는 쾌거를 올렸다.

❷ 1960년대 : 성장기

• 소득배증계획과 기술 혁신의 촉진

1961년부터 10년간 국민 경제 규모를 두 배로 높이기 위해 「국민소득배증계획」을 추진하였다. 소득배증계획을 실현하기 위해서는 사회 모든 분야에서 혁신이 필요했다. 해외로부터 기술 도입에 의존하여 혁신을 추진해 온 일본은 1960년대에 들어 자주 기술개발력을 갖추는 데 힘을 기울였다. 기술 파급 효과가 큰 원자력, 우주 분야의 대형 프로젝트를 추진하였다. 이러한 여러 노력으로 기술 혁신에 성공한 일본은 1968년에 국민총생산(GNP)이 미국에 이어 세계 제2위가 되었다.

• 과학기술 진흥 종합대책과 이공계 인력의 양성

「국민소득배증계획」을 지원하기 위해 「10년 후를 목표하는 과학기술진흥종합대책」을 수립하고 이공계 인재의 대폭 증원, 연구개발 활동의 대폭 강화 등 주요 정책을 추진하였다. 1960년부터 10년간 이공계 과학기술 인력 17만 명, 기능 인력 44만 명 부족을 충원하기 위해 1961년부터 1963년까지 2만 명, 1965년까지 1만 명 증원을 달성했고, 공업고교 졸업자인 기능 인력은 1960년부터 1965년까지 8만 5천 명을 증원하였다.

• 기술 자립을 위한 대형 프로젝트의 추진

이 시기 과학기술 개발은 거대화·고도화·종합화 경향이 강했으며, 장기 연구개발 계획에 의해 다수 전문 분야를 조직화하고 대량의 자금을 투입하는 대형 연구개발이 활발히 전개되었다. 아울러 소득배증계획의 상징으로 과학기술을 활용한 생산 설비의 거대화가 진행되어, 이 시기 일본의 공업제품은 세계 시장에서 높은 지위를 차지했다.

경제의 국제화도 추진되어 철강 수출이 세계적 수준에 도달했고, 조선, 화학 및 발전 설비의 대용량화가 진행되었다. 1960년대 후반 자동차공업이 급속히 발전됨에 따라 도로 정비, 건축, 교량 등의 수요가 증대되어 일본 경제는 그야말로 경이적인 성장을 이루었다.

• 츠쿠바연구학원도시의 건설

고도 경제 성장으로 인한 동경의 과밀화를 해소하기 위한 대책으로 「츠쿠바연구학원도시 건설」이 결정되어 1979년에 준공되었다. 츠쿠바연구학원도시의 건설은 기존 국립연구기관의 연구 설비 노후화를 해결하는 데도 크게 기여하였다.

❸ 1970년대: 성장 조정기

• 고도 성장에 따른 공해 대책의 추진

일본이 1970년대에 중점을 둔 것은 1960년대의 고도 성장 과정에서 발생된 사회 문제의 해결이다. 그중에서도 심각해진 공해 문제를 해결하기 위해 환경기술의 개발이 추진되었고, 이를 총괄하는 환경청이 1971년에 출범하였다.

• 1 · 2차 석유 위기 대응과 에너지 정책 추진

중동사태로 인해 1973년과 1979년 두 차례의 석유 위기를 겪은 일본에서는 에너지 위기 대처라는 새로운 과제가 대두되었다. 이에 따라 신(新)에너지개발계획인 Sunshine계획과 에너지 절약기술 개발 계획인 Moonlight계획에 착수하였다.

• 정보통신기술의 발달과 민간 연구의 활성화

1970년대에는 전자기술 발전에 의한 컴퓨터 · 반도체 · 통신 분야가 크게 성장하였다. 전자계산기의 수출이 급증하였고, 반도체산업도 급성장(急成長)하였다. 이동통신기술도 실용화 단계에 들어갔다. 민간기업의 연구비가 크게 늘어났으며, 산업기술면에서 철강 · 자동차 · 가전용 전기제품이 세계 톱에 도달했고, 기술 수출이 기술 수입을 앞지르게 되었다.

• 미래 기술의 준비

1970년대에는 라이프사이언스 등 차세대 과학기술에 대한 준비가 착실히 진행되었다. 생명공학기술이 발전하기 시작했으며, 분자생물학이 급속히 발전했다. 또한 해양 자원 확보에 관심이 높아짐에 따라 1971년 해양과학기술센터가 발족되었다.

그리하여 1970년대 중반에는 일본의 과학기술 연구비 총액이 영국과 프랑스를 추월하였다.

❹ 1980년대: 자주 기술 시대

1980년대에 들어 일본의 세계 경제 지위는 더욱 중요한 위치를 차지하였으나 큰 무역 흑자로 인해 무역과 경제면에서 외국과의 마찰도 심해지기 시작했다.

이 시기에 일본은 과학기술 정책의 초점을 자주 기술 능력 확보에 맞추었다. 이를 위해 기초과학 육성과 국제 대형 프로젝트에 주도적으로 참여하였다. 일본이 기초과학 육성 정책과 국제 대형 프로젝트에의 참여를 적극적으로 추진한 배경에는 다른 이유도 있었다. 미국은 일본의 기업이 미국 대학의 기초과학 연구 성과는 자유롭게 활용하면서도, 일본 연구개발의 대부분을 차지하는 일본 기업의 연구개발 성과에 대해서는 미국이 자유롭게 이용할 수 없는 불균형 문제를 제기하였다. 과학기술 분야에서 미국과의 마찰이 본격화된 것이다.

• 기술 자립을 위한 기초과학 육성

1980년대 들어 일본은 선진 기술 도입으로부터 탈피하여 자주 기술의 길을 개척해야 한다는 목소리가 높아졌다. 이에 따라 자주 기술 능력을 향상시키기 위해「과학기술진흥조정비」제도를 만들었다. 이 제도는 일본이 세계를 선도할 수 있는 연구를 산·학·연이 결집하여 추진하는 데 중요한 역할을 하였다. 1986년에는 과학기술정책대강(大綱)을 수립하여, 기초과학의 육성을 주요 정책으로 반영하였다.

• 하이테크(Hi-Tech)기술의 확보와 선진국의 견제

1950년대에 시작된 대미 수출에 대한 자율 규제가 섬유·철강제품에서 컬러TV 등 가공도가 높은 제품으로 바뀌기 시작했으며, 1980년대에는 자동차·공작기계까지 자율 규제가 확대되었다. 일본은 하이테크 분야에서 높은 수준을 보였으며, 철강·자동차·가전제품 분야에서 세계 정상급에 도달하였다. 대미 무역에서도 하이테크 분야에서 일본이 흑자 기조로 변하였다. 1980년대 들어 컴퓨터·반도체·통신기술의 진보와 시장의 확대는 일본이 세계 톱 수준의 정보화 사회로 발전하는 기반이 되었다.

• 지역 균형 발전과 국제화 전개

지역 균형 발전을 도모하기 위한 시책이 본격적으로 추진되었다. 이의 일환으로 츠쿠바연구학원도시와 관서지역 문화·학술·연구 거점 도시를 건설하여 연구개발 기능의 지방화를 촉진하였다. 경제면에서 세계를 주도하기 시작한 일본은 과학기술면에서도 세계를 주도하기 위해 암 대책, 지구 환경 문제 등 국제 활동에도 적극적으로 나서기 시작했다. 이 시기에 Human Frontier Science Program(HFSP)과 지적생산시스템(IMS) 등 국제 대형 협력 프로젝트에 주도적으로 참여하기 시작하였다.

❺ 1990년대: 균형 발전기

세계2위 경제국인 일본은 1990년대 들어 하향세에 접어들었고, 민간 기업의 연구개발 투자도 감소세로 전환하였다. 이에 따라 일본 정부는 하향 추세의 일본 경제를 반전시키기 위해 정부의 연구개발 투자를 늘려 민간 투자 감소를 보완하였다. 아울러 과학기술 정책을 종합적이고 계획적으로 추진하기 위해 『과학기술기본법』을 제정하였다. 이 법을 근거로 매 5년마다 과학기술기본계획을 수립하여 독창적이고 혁신적인 과학기술 연구를 강화하고 과학기술 정책의 전략화와 중점화를 도모하였다.

• 과학기술기본법의 제정
일본은 새로운 과학기술 정책의 틀을 만들기 위해 1995월 11월 과학기술기본법을 공포하였다. 이 법은 고령화·저출산으로 인한 인재 공동화(人才 空洞化) 문제, 나날이 부상(浮上)하는 신흥 아시아 국가와의 경쟁, 10년 이상 진행된 경제 활력 상실 등 일본이 당면하고 있는 여러 문제를 과학기술력으로 해결하여 21세기에도 세계를 지속적으로 주도

하겠다는 의지를 나타낸 것이다.

• **제1기 과학기술기본계획**(1996년~2000년)

과학기술기본법에 의거하여 1996년에 제1기 과학기술기본계획을 수립하였다. 이 기본계획에는 일본의 21세기 과학기술의 모습과 미답(未踏)의 과학기술 분야에 도전해야 할 과제를 제시하고 있다. 또한 기초연구의 질적 향상과 BT·IT·NT·ET 등 4T 분야에 대한 중점화 전략을 담고 있다. 아울러 지구환경·인구·물·식료·에너지자원 등 凡(범)지구적 과제에 대해 일본의 강점 과학기술력을 활용하여 공헌함과 동시에 日本內(일본내) 연구 활동의 국제화 능력 향상에도 기여하는 내용을 담고 있다.

다음은 제1기 과학기술기본계획의 주요 내용이다.

① 과학기술의 전략적 중점화
- 질 높은 기초연구의 추진
- 국가 및 사회적 과제에 대응하는 4T 분야 연구개발의 중점화
- 새롭게 발전하는 영역(바이오인포메틱스·시스템생물학·나노바이오 등 융합 분야 등)에 대한 선견성과 기동성을 가진 대처
② 우수한 성과의 창출과 활용을 위한 과학기술 시스템의 개혁
- 연구개발 시스템의 개혁을 위한 경쟁적 자금의 배증, 연구인력 유동성 향상을 위한 임기제 강화, 젊은 연구자의 자립 향상을 돕는

연구비 확충, 투명성과 공정성 확보를 위한 평가 시스템 개혁 등
- 산업기술력의 강화와 산 · 학 · 관 · 연의 연계 체제의 개혁
- 지역 과학기술 진흥 시책의 강화
③ 과학기술 활동의 국제화 추진
- 주체적인 국제협력 활동의 추진, 국제적인 정보 제공력의 강화,
  일본 내 연구환경의 국제화 등

❻ 2000년대: 21세기 준비와 과학기술 행정 체제의 개혁

• 과학기술 행정 체제의 개혁

일본은 작고 효율적인 정부 실현과 국민이 신뢰하는 열린 정부 구현을 위한 행정 개혁을 목표로 정부 조직을 대대적으로 개편하여, 2001년 1월 새로운 행정 체제를 출범시켰다. 정부조직은 1부 22성에서 1부 12성으로 축소되었으며, 과학기술 분야 행정 체제도 과기청과 문부성이 문부과학성으로 통합되었다. 이로 인해 과기청 산하 연구소와 문부성 산하 국립대학의 협력 토대가 마련되었고, 국립연구기관과 국립대학도 통 · 폐합의 과정을 거쳐 「독립행정법인」으로 개편되었다. 새로운 개념의 독립행정법인은 민간 경영 기법과 경쟁 원리를 도입한 것으로, 국가 재정에만 의지하고 있던 국립기관을 능력과 업적에 의해 운영하는 방식으로 전환한 것이었다. 아울러 신설된 내각부 종합과학기술회의를 통해 과학기술 정책의 수립과 종합 조정 기능이 강화되었다.

• 제2기 과학기술기본계획(2001년~2005년)의 추진

2001년에 새로 출범한 내각부의 종합과학기술회의는 제2기 과학기술기본계획을 수립하였다. 이 계획에는 「知의 창조와 활용을 통한 세계에 공헌하는 일본」이라는 정책 목표를 담고 있다. 이는 미지의 현상과 법칙이나 원리 발견 등 새로운 知를 창출하고, 이를 활용하여 일본이 겪고 있는 국가 과제뿐만 아니라 인류 공통의 문제 해결에도 일본의 知를 활용하여 일본 주도로 해결하는 글로벌 知의 거점 역할을 한다는 것이다.

위와 같이 일본이 글로벌 知의 거점이 되기 위해서는 무엇보다 전체 사회의 풍토를 과학 중심 사회로 그 풍토를 조성하는 것이 필요하며, 또한 출산율이 낮은 일본이 知의 원천이 되는 인재를 확보하기 위해서는 우수한 세계 과학자를 일본으로 유입하기 위한 환경 조성의 중요성도 강조하고 있다.

국제적으로 높은 평가를 받는 논문 발표를 통해 노벨상으로 대표되는 국제과학상의 수상자를 서구 주요국과 대등한 수준으로 하며, 향후 50년간 노벨상 수상자를 30人으로 하겠다는 구체적 수치도 제2기 계획에 담고있다.

아울러 자연과학과 인문사회과학의 융합성도 강조하고 있으며, 과학기술과 일반사회의 관계 형성을 중시하는 정책 방향도 제시하고 있다.

• 제3기 과학기술기본계획(2006년~2010년)의 추진

일본은 저출산과 고령화가 급속히 진전됨에 따라 과학기술 인재의 확보와 육성이 시급한 국가적 과제로 대두되었다. 또한 연구개발 부문에 있어 경쟁적 환경을 조성하고 연구 성과의 사회 환원에 대한 제도의 마련도 중요한 과제가 되었다. 이를 위해 제3기 기본계획에는 「사회와 국민에게 성과를 환원하는 과학기술, 인재 육성과 경쟁 환경의 조성」 등 두 가지의 기본 방향과 6대 목표를 정하고 있다. 아울러 제2기 과학기술기본계획에서 제시한 50년간 30명의 노벨상 배출 목표를 달성하기 위해 기초연구를 중시하는 정책을 강조하고 있다. 정부의 연구개발 투자는 GDP대비 구미 주요국의 수준으로 높이기 위해 5개년 기간 중 총 25조 엔의 투자를 목표로 하였다.

• 지역 과학기술 육성 정책의 체계적 추진

10년 이상 계속된 경기 침체와 심각한 지역 산업의 공동화에 대처하기 위해 지방 과학기술 진흥을 위해 각 지역별로 산 · 학 · 관 등의 연계와 교류를 촉진하는 시책이 추진되었다. 지역 과학기술 진흥 정책은 과거 정책과는 달리 지방정부가 주도하여 추진하는 것으로, 「지적(知的) 클러스터」와 「산업(産業) 클러스터」 정책이 착수되었다. 중앙정부는 이러한 시책이 원활히 진행될 수 있도록 인재의 육성, 공동연구의 추진, 기술 이전 기능 등 자원 확충을 도모하는 역할을 담당하였다. 知的 클러스터는 지역 연구기관, 대학 등 지역 거점을 중심으로 산 · 학 · 관 공동연구를 추진하여 새로운 기술 Seeds를 창출 · 공급하며, 산업 클러스터는 이러한 기술 Seeds를 바탕으로 지방정부에서 신규 사업의 계획 · 창업 및 신제품 창출을 담당하는 것이다.

❼ 2010년대: 동일본 대지진과 사회 혁신

• 동일본 대지진의 복구와 재도약을 위한 과학기술 혁신

1990년대 들어 하향세에 접어들은 경제에 활력을 불어넣기 위해 다양한 정책을 추진해 오던 일본에게 2011년 3월 11일 발생한 동일본 대지진과 후쿠시마 원전 사고는 심각한 타격을 주었다. 전대미문(前代未聞)의 재앙을 맞은 일본은 재난 복구에 초점을 맞추기 위해 정부의 모든 정책을 재검토하였다.

과학기술 정책 부문도 대폭 손질하여 과학기술 혁신을 주축(主軸)으로 하는 국가 이노베이션 시스템을 새로 만들게 되었다.

• 제4기 과학기술기본계획(2011년~2015년)과 이노베이션 추진

2011년 3월 11일 발생한 동일본 대지진의 영향을 반영하여 이미 수립된 제4기 과학기술기본계획을 동년 8월에 대폭 수정하였다. 수정된 계획에는 저탄소 사회의 실현과 사회 기반의 그린 이노베이션 실현, 질병의 혁신적 대책 등 「신에너지 대책과 라이프 이노베이션」을 중점 정책으로 담고 있다. 그리고 이러한 새로운 정책을 효과적으로 통합하는 과학기술 시스템 개혁 등을 주요 정책 과제로 제시하고 있다.

다음은 수정된 제4기 과학기술기본계획의 주요 내용이다.

① 그린 이노베이션 정책: 동일본 대지진과 후쿠시마 원전 사고를 극

복하여 지속가능한 순환형 사회로 변화시키고 기후 변화 등 범지구적 정책 문제의 해결에도 공헌하는 것을 목표로 하며, 새로운 산업을 발전시켜 일본이 환경 선진국으로서의 위치를 확보코자 하는 정책이다. 원자력 등 에너지 정책을 새로 정립하고 사회 기반을 그린화하기 위해 연구개발, 사업화, 사회 보급 등 구체적인 그린화 시책을 포함하고 있다.

② 라이프 이노베이션 정책: 질병 없는 사회를 실현하기 위한 정책으로, 관련 신산업을 육성하고 고용을 확대하는 것이다.

③ 연구개발력을 높이기 위한 시스템 개혁: 일본의 산업 경쟁력 강화 방안을 담고 있으며, 이를 뒷받침하기 위해 세계 최고 수준의 연구개발력 확보를 제시하고 있다. 대학, 공적 연구기관, 산업계 등 연구 주체(主體)의 연계 시책을 중점 추진하며, 시스템 개혁을 위한 시책으로는 경쟁적 환경의 조성, 대학의 경쟁력 강화를 위한 연구 거점의 형성, 제도의 강화, 지역 이노베이션, 연구개발의 효율화 등을 담고 있다.

④ 기초연구 및 인재 육성의 강화: 21세기 일본의 과학기술 중점 정책은 기초연구의 획기적 강화, 인재 육성, 국제 수준의 연구 환경 및 기반의 구축 등을 들 수 있다. 우선 기초연구에 있어서는 연구자의 자유로운 발상을 바탕으로 다양한 연구를 수행함과 동시에 과학기술의 정책 목표를 명확히 하여 국가적·사회적 수용에 대응하는 연구개발 중점화가 필요하다. 인재 육성에 있어서는 젊은 과학자, 여성 과학자, 외국인 연구자의 지원과 육성, 대학의 인재 육

성 기능의 강화, 사회 니즈에 부합하는 인재 육성, 차세대 인재의 확대 등을 들 수 있다.

⑤ 전략 분야의 추진: 전략 분야로는 라이프사이언스, 정보통신, 환경 및 나노기술·재료 분야가 있으며, 정부가 추진해야 할 중점 분야로는 에너지, 제조기술, 사회기반 및 프론티어 분야가 있다.

• 제5기 과학기술기본계획(2016년~2020년)의 준비

본격적인 인구 감소와 저출산·고령화 사회의 도래, 원전 사고 등으로 인한 최악의 에너지 상황, 불안정한 국제 경제 환경을 극복하고 지속가능한 발전을 유지하기 위해서는 과학기술 이노베이션을 바탕으로 한 새로운 지(知)의 발견과 기술개발을 보다 적극적으로 추진해야 한다. 이를 통해 경제 발전과 고용 창출을 향상시킬 수 있으며 국제 사회의 발전에도 기여할 수 있다.

2016년에 새롭게 시작하는 제5기 과학기술기본계획에는 일본 사회의 과학기술 이노베이션을 한 단계 높이기 위해 과제 해결형 이노베이션을 구체적으로 추진하며, 각 연구 주체의 부분적인 최적화 보다는 기업, 대학, 연구개발법인, 정부의 전체 최적화 관점에서 유기적인 파트너십을 형성할 수 있도록 융합과 협동에 중점을 둘 예정이다.

제5기 과학기술기본계획의 주요 검토 과제로는, 과학기술 이노베이션 인재의 육성과 유동화, 새로운 지(知)의 창조를 강화하기 위한 조직과 제도의 개혁, 과학기술 예산 편성 프로세스 등 연구 자금의 개혁, 지재권과 국제 표준 분야 등 전략적인 과학기술 외교의 추진, 국가 존립 기반과 연계되는 기술의 정부 주도 연구개발 추진, 지역 균형 발전을 위한 지역 이노베이션의 촉진 등을 들 수 있다.

5장

일본의 노벨과학상 수상에서 무엇을 배울 수 있는가?

The Nobel Prize
1901-2014

ALFRED NOBEL

　1973년 노벨물리학상 수상자인 에사키 레오나는 2007년 1월 1일, 일본경제신문에 "나의 이력서"라는 시리즈에서 노벨과학상을 받기 위해서 하지 말아야 할 다섯 가지 항목인 '에사키의 황금률(黃金律)'을 게재하였다. 첫째 지금까지의 행동 패턴에 구속받지 말 것, 둘째 가르침은 아무리 받아도 좋으나 그 가르침에 매몰되지 말 것, 셋째 쓸데없는 잡동사니 정보에 현혹되지 말 것, 넷째 자신의 주장을 관철하기 위해 싸움을 회피하지 말 것, 다섯 번째 어린이와 같은 끝없는 호기심과 청순한 감성을 잃지 말 것 등이다. 이것이 노벨과학상을 목표로 하는 연구자 개인에 대한 교훈이라면, 국민이나 국가 차원의 교훈은 무엇인가?

　이 책에서 지적했듯이 일본의 노벨과학상 수상자에게는 배경·이유·과제 등에서 개별적이고 특수한 것과 일반적이고 공통되는 것이 있음을 볼 수 있었다. 여기서는 노벨과학상 수상자로부터 배울 것이 무엇인지에 대해 다시 한 번 정리하고자 한다. 이를 통해 노벨과학상 수상으로 이어질 수 있는 힌트를 찾을 수 있기를 희망한다.

❶ 기초과학 연구의 환경 조성

기초과학 연구를 위한 환경 조성은 종합적이고 장기적으로 진행되어야 한다.

(1) 가장 중요한 것은 기초과학을 중시하고 우수한 과학자 층을 두텁게 해서 기초과학의 저변을 넓히는 것이다. 이렇게 함으로써 국가 전체의 학문 수준이 높아지고, 탁월한 실력을 갖춘 과학자 간의 경쟁을 통해 선발되는 과학자의 수준이 높아지게 된다.

(2) 연구·과학·학문의 전통을 만들고, 지식을 축적해야 한다. 이를 위해서는 전문 분야를 넓고 깊고 다양하게 하여야 하며, 거점을 중심으로 이루어져야 한다. 이렇게 함으로써 높은 수준의 지식이 더욱 축적되고 확대될 수 있다.

(3) 독특한 기초과학 실험을 가능하게 하기 위해서는 기업의 기술력을 향상시켜 기초과학 실험 장비·시설의 인프라를 조성해야 한다. 이를 위해서는 사회 전체의 저변이 강해져야 한다. 세계 최초의 장비·시설의 제조("모노츠쿠리")는 위험성이 높고 융통성이 필요하기 때문에 중소기업이 담당하는 것이 바람직하다.

(4) 과학에 대한 기본 자세와 이를 평가하고 존중하는 사회 풍토를 조

성해야 한다. 눈앞의 단기 성과를 좇기보다는 진실의 탐구에 높은 가치를 부여하며, 기쁨을 공유하는 사회 · 인재를 육성하는 것이다. 예를 들면, 과학기술 분야의 영재 교육을 중 · 고등 교육과 대학 · 대학원뿐만 아니라 그 이후까지도 일관성을 가지고 운영하는 것도 하나의 선택일 수 있다. 또한 특수한 능력을 갖춘 천재(天才)를 육성하기 위한 재원(장학금)도 요구된다.

(5) 해외 연구 인력을 활용해야 한다. 무엇보다도 노벨상급의 과학자와 그 주변의 인맥 관계를 포함해서 인적 네트워크를 확대하고 깊은 교류 관계를 형성해야 한다. 중요한 것은 최상급 연구자 간의 신뢰 관계를 구축하는 것이다. 이를 위해 한국 국내에서 유학한자를 포함해서 파견하거나 해외 동포 과학자와 연계해서 진행하는 것이 바람직하다. 특히 일본과 같이 노벨 과학상이 배출된 나라는 반드시 동포 과학자가 있기 때문에 큰 도움이 될 것이다.

(6) 과학연구 예산의 투자에 있어, 투자 규모(금액)보다는 그 계속성을 중시해야 한다. 정부와 민간 수준의 재원을 확보하여 안정적으로 연구할 수 있도록 투명성과 일관성을 가진 제도의 구축이 요구된다. 연구자의 고용 형태는 기간 제한제 고용이 아니라 장기 계약으로 해야 한다. 연구 지원과 고용의 장기성을 성공적으로 운용하기 위해서는 객관성과 투명성, 그리고 일관성 있는 제도가 요구된다.

(7) 국익을 바탕으로, 장기적 · 종합적 · 전략적인 정책을 세우고 융통성 있게 운영해야 한다. 이렇게 함으로써 연구자와 그 가족, 특히 젊은 세대가 기초과학 분야를 안심하고 선택하는 효과가 나타날 것이며,

산업계의 관심과 협력을 얻고 국민의 인식도 향상될 것이다.

❷ 知의 환경 조성

앞에서 기초과학 연구 환경의 조성에 대해 설명했다면, 이번에는 이와 관련하여 '知의 환경 조성'이라는 관점에서 다음을 제시한다.

(1) 과학자와 연구자의 세계에서 知의 Infrastructure 조성

창조적인 환경을 조성하기 위해서는 知의 거점, 知의 계보, 知의 버팀목 등 知의 Infrastructure를 만들고 튼튼히 하는 것이 중요하다. 知의 거점이나 知의 계보는 무엇보다 사람에 관한 것이다. 탁월한 전문성과 연구자로서의 자질을 풍부하게 갖추고 남다른 교육에 대한 열정을 가지고 있어야 하며, 존경받는 인물이어야 한다. 이러한 인물은, 문제를 해결하기 위한 행동과 그 소산(所産) 등을 평가하는 고도의 세련된 기준을 가지고 다른 사람을 평가하고 지도한다. 그곳에서는 知의 기풍 (Ethos)이 조성되고 있고, 그에 감화를 받으면서 과학자로 거듭나는 것이다.

知의 거점은 이러한 탁월성을 바탕으로 사람이 모임에 따라 형성되며, 시간이 지나고 세대가 바뀌면서 知의 계보가 형성되는 것이다. 이것의 특징은 자율적으로 성장하고 확장한다는 것이다. 그리고 知의 버팀목은 세계 최초 및 최고의 실험 설비를 스스로 만드는 능력을 갖는 것이다. 이를 위해서는 국내 기술자를 적극적으로 육성해야 한다. 이러한 知의 Infrastructure를 총합적으로 일으기기 위해서는 모두가 새로운 전통을 창조한다는 인식을 갖고 후임자를 육성하면서 몇 십 년 동안 지속적으로 노력해야 할 것이다.

특히, 진짜 知는 전문서적에서만이 아니라 문학서나 철학서(哲学書) 등 다양한 知의 창고에서 얻을 수 있다는 것을 알아야 한다. 전술한 바와 같이 일본 노벨 과학상 수상자는 젊었을 때 한학(漢学)이나 고전 문학, 철학서들을 많이 읽어서 知의 지평선(地平線)을 넓혔다.

(2) 사회와 국민 속에서 知의 Infrastructure 조성

知의 Infrastructure를 과학자 및 연구자의 세계에 형성하는 것 못지않게 사회와 국민 속에 만드는 것도 중요하다. 이러한 넓은 의미의 知의 Infrastructure를 구축하기 위해서는 여러 가지 요소가 있으나 그중에서 대표적으로 생각되는 것을 다음에 열거한다. 이러한 요소들이 상호 체계적으로 제휴하면서 바람직한 광의의 知의 Infrastructure가 조성될 것으로 기대된다.

- 우수한 과학자의 이동성(Mobility)을 국내외 동시에 높이고, 이를 통해 발생하는 다양성과 새로운 환경에의 대응 능력을 높여야 한다. 이동성에는 다양성(多様性)이 따라온다. 이를 받고 사회와 국민이 국제화가 되어야 한다. 과학은 인터네셔널(International)의 본질을 지니고 있는 것을 알아야 한다.
- 자국민 과학자의 업적에 대해 좋은 이해자이며 평가자인 동시에, 노벨과학상 후보의 추천자가 되는 노벨상급의 해외 과학자와 국제

적 관점에서 친분을 쌓고 네트워크를 구축해야 한다. 이러한 교류는 과학자 개인 수준에서 실현하는 것이 바람직하며, 정부는 이러한 교류를 존중하는 차원에서 제도적으로 지원하는 것이 효과적이라고 생각한다.

• 연구 업적에 대한 자기 평가에 엄격하기 위해 과학자 개인의 자질을 높여야 하고, 동시에 이러한 사회 문화를 조성해야 한다. 높은 수준에 이른 전문가들은 자신의 업적에 대해 엄격하면서 자율적으로 평가하는 고도의 기준과 능력을 갖추고 있기 때문에 타인을 평가할 수 있다고 생각한다. 이는 높은 수준의 전문가가 갖는 권위의 근원 중 하나이다. 세계적 수준에 이른 과학자 층의 두께가 늘어나면서 바람직한 知의 Infrastructure의 원동력이 되고, 이것이 문화로 연결될 수 있다.

• 국민과 매스 미디어가 올바른 과학감(科學感)과 냉정한 노벨과학상感을 공유해서, 국가 차원에서 노벨과학상 수상으로 인해 기대되는 노블레스 오블리주(noblesse oblige)를 감당하는 높은 수준의 과학을 받아들이는 문화를 만들기 위해 범국민적 계몽 활동을 강화해야 한다.

知의 환경 조성이란 것은 결국 나라 전체의 문화 조성이며, 국민 모두가 참여하는 문화 운동이라고 할 수 있다.

❸ 知의 창조를 돕는 문화 조성

세계에는 이상(理想)적인 창조성의 환경을 갖춘 곳이 많이 있다. 이들을 벤치마킹하기 위해 구체적이고 상세한 요건을 검증하는 것은 참으로 의미 있는 일이다. 이러한 벤치마킹을 담당하는 실시자는 벤치마킹의 결과를 수용할 수 있는 충분한 경험과 능력을 갖춰야 한다. 또한 이를 실현하기 위해 충분한 시간을 부여하는 것도 반드시 전제되어야 한다.

이 책은 벤치마킹 대상으로서 일본을 살펴보았다. 일본은 노벨과학상의 수상자뿐 아니라 다른 세계적인 상도 많이 수상하고 있는 나라이다. 수학의 노벨상이라고 일컫는 Fields상 수상자도 3명이나 보유하고 있으며(세계 5위), 미국의 노벨상 이라는 Albert Lasker상 수상자는 7명(내 2명이 노벨생리의학상 수상자), 건축 분야의 노벨상이라는 The Pritzker Architecture상 수상자는 7명에 이른다(세계 2위). 또한 Ig Nobel상 수상은 19건이나 배출하였다. 세계 최고의 수준에 이르기 위해서는 학술 문화의 저변을 넓히고 강화하는 것을 대전제로 해야 한다. 知의 밑변이 넓고 깊다는 것은 그 나라의 문화력의 높이를 말 하는 것이다. 그것은 각종 세계적인 상의 수상으로 표현할 수 있을 것이다.

마지막으로 지적하고 싶은 것은 노벨과학상은 좋은 연구의 결과로서 따라오는 것이라는 점이다. 무엇보다 중요한 것은 과학자가 좋은 연구를 해야 노벨과학상을 수상하는 것임에는 이론의 여지가 없다. "학문에 왕도가 없다"는 말과 같이 연구자가 연구에 기쁨을 느끼고 겸허하게 자연의 진리 탐구 노력을 꾸준히 이어 가야 한다. 이러한 연구자의 자세를 기르기 위해서는 知의 창조 환경이 전제되어야 한다. 과학자를 둘러싼 사회가 과학자를 존중하고, 새로운 발견을 함께 기뻐하고 명예로 생각하는 높은 문화 수준에 이르러야 세계적으로 좋은 연구 결과가 나올 것이다. 이것을 위해서는 온 국민의 노력과 많은 세월이 필요하다.

知의 창조 문화는 풍부한 나라 만들기의 주춧돌이며, 국가 발전의 원동력이다. 이 책에서는 일본의 노벨과학상을 살펴보았다. 이 글을 마무리하면서 저자들은 한국이 세계 최고 수준의 과학기술을 창조하고 인류사회에 공헌하면서 그 결과로서 노벨과학상 수상자가 빠른 시간에 탄생하기를 바라며, 知의 창조 문화 환경을 형성하는 데 있어 작은 도움이 되는 것을 큰 기쁨이며 영광으로 여긴다.

참고자료

(URL, 자료명은 간행된 원처명을 사용. 연대 순)

ALFRED NOBEL

The Nobel Prize
1901-2014

과학기술경쟁력의 국제 비교

1) Elsevir SciVerse Scopus:

   http://www.info.sciverse.com/scopus

2) IMD World Competitiveness Ranking 2014 Results:

   http://www.imd.org/research/publications/wcy/World-Competitiveness-Yearbook-Results/#/

3) National Science Board, Science and Engineering Indicators 2014:

   http://www.nsf.gov/statistics/seind14/

4) "nature" archive:

   http://www.nature.com/nature/archive/index.html

5) OECD Main Science and Technology Indicators:

   http://www.oecd.org/sti/msti.html

6) "Science" Science Journals archive:

   http://www.sciencemag.org/content/by/year

7) Thomson Reuters Web of Knowledge/Science Citation Index:

   http://workinfo.com/

8) USPTO (The US Patent and Trademark Office) Fiscal Year Patent Statistics:

   http://www.uspto.gov/web/offices/ac/ido/oeip/taf/reports.htm#by_type

9) 「科学技術要覧」, 平成26年版(2014), 文部科学省 科学技術・学術政策局, 2014년

1) 「科学技術基本法」(1995년 11월 15일):

   http://law.e-gov.go.jp/htmldata/H07/H07HO130.html

2) 「科学技術基本計画」

   第一期(1996~2000년):

   http://www.nistep.go.jp/achiev/ftx/jpn/mat115j/pdf/appndx01.pdf

   第二期(2001~2005년):

   http://www8.cao.go.jp/cstp/kihonkeikaku/kihon.html

   第三期(2006~2010년):

   http://www8.cao.go.jp/cstp/kihonkeikaku/kihon3.html

   第四期(2011~2015년):

   http://www.mext.go.jp/a_menu/kagaku/kihon/main5_a4.htm

3) 「科学技術白書」(平成7年版)、文部科学省

4) 「科学技術庁」、科学技術庁、(財)科学技術広報財団, 2001년

5) 日本学術会議提言「我が国の未来を創る基礎研究の支援充実を目指して」、

   2008년:

   http://www.scj.go.jp/ja/info/kohyo/pdf/kohyo-20-t60-3.

   pdf#search='%E6%88%91%E3%81%8C%E5%9B%BD%E3

   %81%AE%E6%9C%AA%E6%9D%A5%E3%82%92%E5%8

   9%B5%E3%82%8B%E5%9F%BA%E7%A4%8E%E7%A0%9

   4%E7%A9%B6%E3%81%AE%E6%94%AF%E6%8F%B4%E

5%85%85%E5%AE%9F%E3%82%92%E7%9B%AE%E6%8

C%87%E3%81%97%E3%81%A6ʼ

6) 武安義光ら著,「科学技術庁政策史－その成立と発展」, (財)新技術振興渡辺
記念会編, 科学新聞社, 2009년
http://www.mext.go.jp/b_menu/hakusho/html/hpaa199501/index.
html

7)「世界トップレベル研究拠点(WPI)から日本人も外国人もノーベル賞を
目指せ！」, 文部科学時報、No.1612, 文部科学省, 2010년

8)「世界トップレベル研究拠点プログラム(WPI)」：
http://www.mext.go.jp/a_menu/kagaku/toplevel/

9)「21世紀COEプログラム」：
http://www.jsps.go.jp/j-21coe/

10)「グローバルCOE」：
http://www.jsps.go.jp/j-globalcoe/

11)「Research University 11」：
http://www.ru11.jp

12)「第5科学技術基本計画に向けて」, 科学技術・学術審議会 総合政策特別委
員会(第五回, 平成26年10月22日), 2014년

일본의 과학기술의 계보 및 풍토

1) 武田楠雄, 「維新と科学」, 岩波新書817, 岩波書店, 1972년

2) 湯浅光朝, 「日本の科学技術100年史(上)(下)」, 自然選書, 中央公論社, 1980년 · 1984년

3) 西條敏美, 「知っていますか？西洋科学者ゆかりの地 In Japan(PART I)」, 「同(PART II)」, 恒星社厚生閣, 2013년

4) 宮田親平, 「科学者たちの自由な楽園─栄光の理化学研究所─」, 文芸春秋, 1983년

5) 毎日経済新聞社編, 「日本을 다시 본다」, 毎日経済新聞社, 1991년

6) 「日本の科学技術を先導する100人─21世紀に向けて科学技術はどのように推進されるか！─ PART 1」, 「同 PART 2」, 360創刊1周年記念特別編集号, 三田出版会, 1992년

7) 中山茂, 「科学技術の戦後史」, 岩波新書395, 岩波書店, 1995년

8) 有馬朗人, 「大学貧乏物語」, 東京大学出版, 1996년

9) 米澤貞次郎, 永田親義, 「ノーベル賞の周辺, 福井謙一博士と京都大学の自由な学風」, 化学同人, 1999년

10) 朝永振一郎著, 江沢洋編, 「科学者たちの自由な楽園」, 岩波文庫 緑 152-2, 2000년

11) 日本の受賞者@国立科学館 特別展示：

http://www.kahaku.go.jp/exhibitions/tour/nobel/

12) 岡本拓司, 「ノーベル賞からみた日本の科学 一九〇一年～一九四八年」,

『科学技術史』第四号，文生書院，2000년

13) 読売新聞科学部，「日本の科学者最前線─発見と創造の証言─」，中公新書
　　ラクレ17，中央公論新社，2001년

14)「ノーベル賞を育んだ企業風土　島津製作所と浜松ホトニクス」，日経ビ
　　シネス，2002년 11월 4일

15)「ノーベル賞を狙える会社」，週刊東洋経済，2002년 11월 23일

16) 野依良治，「研究はみずみずしく，ノーベル化学賞の言葉」，名古屋大学
　　出版会，2002년

17) 砂川幸雄，「北里柴三郎の生涯」，NTT出版，2003년

18) 森嶋通天ら，「なぜ日本は行き詰ったか」，岩波書店，2004년

19) 野村進，「千年働いてきました─老舗企業大国ニッポン─」，角川oneテ
　　ーマ21 C-123,角川書店，2006년

20) 日本経済新聞社，「息づく湯川の『混沌精神』」，サイエンス，2007년 1월
　　21일

21) 朝日新聞社，「日本素粒子 強さの系譜」，朝日新聞，2008년 12월 8일

22) 仁科記念財団編，「仁科記念講演録集　1」，シュプリンガー・ジャパン，
　　2008년

23) 中日新聞社社会部編著，「名古屋ノーベル賞物語」，中日新聞社，2009년

24) 岩波書店，「ノーベル賞と学問の系譜─日本の科学と教育」，科学，
　　VOL.79 NO.1, JAN.2009

25) 独立行政法人科学技術振興機構 社会技術研究開発センター編，「科学技術
　　と知の精神文化─新しい科学技術文明の構築に向けて─」，丸善プラネ

ット株式会社，2009년

26) 独立行政法人科学技術振興機構 社会技術研究開発センター編，「科学技術と知の精神文化—創造性と環境—」，丸善プラネット株式会社，2012년

27) 独立行政法人科学技術振興機構　社会技術研究開発センター編，「科学技術と知の精神文化—科学と文化—」，丸善プラネット株式会社，2013년

28) 佐藤文隆，「職業としての科学」，岩波新書1290，岩波書店，2011년

29) 保坂正康，「日本の原爆—その開発と挫折の道程—」，新潮社，2012년

30) 後藤秀機，「天才と異才の日本科学史—開国からノーベル賞まで，150年の軌跡—」，ミネルバ書房，2013년

31) 天野郁夫，「七帝国大物語，第一話 なぜ帝国大学なのか」，學士會会報第906号，2014년

32)「理研八十八史」，理化学研究所：
http://www.riken.jp/pr/publications/riken88/

33)「日本素粒子研究；歴史の語り継ぎ」，Research of Quantum Physics：Electronics & Photonics Research Institute：, AIST：
http://staff.aist.go.jp/t-yanagisawa/index_j.html
「くりこみ理論のころ」：
http://staff.aist.go.jp/t-yanagisawa/tomo.html

일본의 대학의 연구실력 랭킹

1) 佐藤孝子ら編, 「ノーベル賞をめざす 大学研究ランキング」, 別冊宝島 789, 宝島社, 2003년

2) 東京大学監修, 「GCOE 東京大学グローバルGCOEの今がわかる」, 日 経BP, 2009년

3) 「大学のランキング2012」 中의 『研究ランキング(Chemical Abstracts)』, 週間朝日MOOK, 朝日新聞出版, 2011년

4) 「大学のランキング2014」 中의 『研究ランキング(Thomson Reuters, SciVerse Scopus, Nature, Science, 科学研究費補助金, 外部資金, 財団研 究助成)』, 週間朝日MOOK, 朝日新聞出版, 2013년

5) TIME World University Rankings:
   http://www.timeshighereducation.co.uk/world-university-rankings/

과학기술

1) J.D.Bernal著, 鎭目恭夫訳,「歷史における科学」('SCIENCE IN HISTORY,' 1954), みすず書房, 1966년

2) Tomas S. Kuhn著, 中山茂訳,「科学革命の構造」('The Structure of Scientific Revolutions', 1962), みすず書房, 1971년

3) 21世紀科学教育懇談会編,「科学の歴史—科学万博 つくば'85記念出版—」, 日本アイ・ー・エム株式会社, 1985년

4) 今井隆吉,「科学と外交—軍縮, エネルギー, 環境—」, 中公新書1172, 中央公論社, 1994년

5) 野家啓一,「パラダイムとは何か—クーンの科学史革命—」, 講談社学術文庫1879, 2008년

6) 市川惇信,「科学が進化する5つの条件」, 岩波科学ライブラリー146, 岩波書店, 2008년

7) PETER PAGNAMENTA Edit,'THE UNIVERSITY OF Cambridge on 800th Anniversary Portrait,' THIRD MILLENNIUM PUBLISHING, LONDON, 2009년

8) Ian F.McNeely and Lisa Wolverton著, 富永星訳,「知はいかにして「再発明」されたか」('Reinventing Knowledge: From Alexandria to the Internet', 2008), 日経BP社, 2010년

9) 小山慶太,「科学史人物事典—150のエピソードが語る天才たち—」, 中公新書2204, 中央 公論新社, 2013년

노벨과학상과 일본인 수상자

1) 노벨상 공식 사이트:
   http://www.nobelprize.org/

2) 일본 노벨상 논문 아카이브스(Archives);
   https://www.jstage.jst.go.jp

3) Ulf Larsson著, 津金－レイニウス・豊子訳, 国立科学博物館発行企画, 「ノーベル賞の百 年―素顔の創造性―」('Cultures of Creativity, The Centennial Exhibition of the Nobel Prize,'), (株)ユニバーサル・アカデミー・プレス, 2002년

4) 馬場錬成,「ノーベル賞の100年―自然科学三賞でたどる科学史―」, 中公新書1633, 中央公論新社, 2002년

5)「ノーベル賞100年」, Newton, ニュートンプレス, 2002년

6) 中嶋彰著,『青色』に挑んだ男たち」, 日本経済新聞出版社, 2003년

7) 中村修二著,「怒りのブレイクスルー,『青色発光ダイオード』を開発して見えてきたこと」,集英社文庫, 2004년

8) Istvan Hargittai著, 阿部剛久訳,「ノーベル賞 その栄光と真実 ― 科学における受賞者は如何にして決められたか―」('The Road to Stockholm,' 2002), 森北出版株式会社, 2007년

9) 日本経済新聞シリーズ「私の履歴書 江崎玲於奈」, 日本経済新聞社, 2007년 1월 1일

10) 矢沢サイエンスオフィス編著,「ノーベル賞の科学―なぜ彼らはノー

ベル賞をとれたか─『物理学賞編』」, 技術評論社, 2009년

11) 矢沢サイエンスオフィス編著,「ノーベル賞の科学─なぜ彼らはノー
　　ベル賞をとれたか─『化学賞編』」, 技術評論社, 2010년

12) 矢沢サイエンスオフィス編著,「ノーベル賞の科学─なぜ彼らはノー
　　ベル賞をとれたか─『生理学医学賞編』」, 技術評論社, 2010년

13) 東京書籍編集部編,「ノーベル賞受賞者人物事典─物理学賞・化学賞─」,
　　東京書籍, 2010년

14) Erling Norrby著, 千葉喜久枝訳,「ノーベル賞はこうして決まる─
　　選考者が語る自然科学三賞の真実─」('Nobel prizes and life sciences,'
　　2010)創元社, 2011년

15)「ノーベル賞110年の全記録─日本の受賞科学者全15人を完全紹介─」,
　　Newton別冊, ニュートンプレス, 2011년

16)「ノーベル賞と日本人」, 別冊宝島, 宝島社, 2013년

17) 赤城勇著,「青い光に魅せられて, 青色LED開発物語」, 日本経済新聞出
　　版社, 2013년

18)「ノーベル賞に輝いた青色LED大革命」, Newton, 12, ニュートンプ
　　レス, 2014년

부록

ALFRED NOBEL

The Nobel Prize
1901-2014

[표 2] 일본인 노벨과학상 수상자의 이력 (물리학상, 화학상, 생리학 및 의학상, 19

수상분야	수상자	수상 연도	수상 이유	공동수상자	수상대상업적 (이론/실험) 1)
물리학	유카와 히데키	1949년	핵력의 이론에 의한 중간자 존재의 예언	단독 수상	이론(1935년)
	도모나가 신이치로	1965년	양자전자력학 분야에 있어서의 기초적 연구	Julian Schwinger (Harvard대) Richard P. Feynman (Cornell대)	이론(1947년)
	에사키 레오나	1973년	반도체에 있어서의 터널효과와 초전통체의 실험적 발견	Ivar Giaever(GE)	실험(1957년)
	고시바 마사토시	2002년	천체물리학, 특히 우주뉴트리노의 검출에 대한 선구적 공헌	Raymond Davis Jr. (Brookhaven 연구소)	실험(1987년)
	난부 요이치로	2008년	소립자물리학과 핵물리학에 있어서의 자발적 대상성의 깨짐의 발견	단독 수상	이론(1960년)
	고바야시 마코토	2008년	Quok가 적어도 삼세대이상 있는 것을 예언하는 "CP대상성의 깨짐"의 발견	마스카와 도시히데	이론(1973년)
	마스카와 도시히데	2008년	동상	고바야시 마고도	이론(1973년)
	아카사키 이사무	2014년	고휘도 저전력 백색 광원을 가능하게 한 청색 발광 다이오드의 발명	아마노 히로시 나카무라 슈지	실험(실용화, 1989년)

49년-2014년)

이론 검증, 신발견 , 응용 및 산업화, Original 이론 2)	학력 및 경력	박사학위 취득	지도자와 영향을 미친 자 및 기타요인 3)
937년 (C.D.Anderson, , US)	교토제대-이화학연-오오사가대-교토대-Princetone IAS-Columbia대-교토대	이학박사 (오사카대)	• 나가오카 한타로(이화학연구소 · 노벨상수상자) • 니시나 요시오(이하학연구소) • 20세기 물리학의 획기적 시대
951년(Julian Schw nger,US) 1948년 (Richard P. Feynman,US)	교토제대-이화학연-Laipzich-주구바대-Princetone AIS-교토대	이학박사 (도쿄대)	동상 • 이시하라 준
960년(Ivar Giaever,US)	도쿄대-고베공업사-SONY-IBM	이학박사 (도쿄대)	• 사가네 료기치(도쿄대, 이화학연구소) • Transistor원년 • SONY- · IBM
930년(W.Pauli, ustria) 968년(R.Davis Jr,US)	도쿄대-Rochester대-Chicago대-도쿄대	Ph.D (Rochester 대) 이학박사 (도쿄대)	• 도모나가 신이치로(도쿄대, 이화학연구소) • 도주가 요지(도쿄대) • 하마마쯔 포토닉스
001년(마수카와 · 고바야시 · KEK)	도쿄제대-오오사가씨대-Princeton IAS-Chicago대	이학박사 (도쿄대)	• 도모나가 신이치로 (도쿄이과대) • KEK
001년(KEK)	나고아대-교토대-KEK	이학박사 (나고야대)	• 유카와 히대기 • 사가타 쇼이치(나고야대) • 마스카 도시히데 • KEK
상	나고야대-교토대	이학박사 (나고야대)	• 유카와 히대기(교토대) • 사가타 쇼이치(나고야대) • 고바야시 마코토(교토대) • KEK
962년(Nick olonyak, Jr.) 960년대(니시자와 준이치) 990년(나카무라 슈지)	교토대-고배공업-나고야대-마쓰시타전기-나고야대-메이조대	공학박사 (나고야대)	• 아리수미 데쓰야(고베공업, 그후 나고야대) • 아마노 히로시 • 토요타 합성 산업

생리학 및 의학	도네가와 스스무	1987년	다양한 항체를 생산하는 유전자적 원리의 해명	단독 수상	실험(1975년)	
	야마나카 신야	2012년	다양한 세포로 성장할수 있는 능력을 가진 iPS세포의 작성	Sir John B. Gurdon(Cambrdige 대)	실험(2006년)	

1) 「실험」이라 하는것은 여기서는 노벨과학상 수상 대상이 된 발명, 발견, 증명 등을 말한다.

2) 노벨과학상 수상 대상이 된 이론을 처음으로 검정한, 또는 그에 동등한 이론을 발표한 연도와 연구자.

3) 노벨과학상 수상에 결정적으로 영향을 끼친 인물이나 요인.

965년 (William Dreyer, US)	교토대-UC SD- Salk Inst.B.R- Basel Inst.Imm.- MIT- 이화학연	Ph.D (UCSan Diego)	• 와다나베 이다루(교토대) • Renato Dulbecco (Salk Inst.)
962년 (Sir J.B. Gurdon, UK)	고베대- 오오사가씨대- UCSF- 나라첨단과 기대- 교토대	의학박사 (오사카 시대)	• Thomas Innerarity (UCSF Gradstone Lab.) • 다카하시 가주토시(교토대)

	특허 취득
	이론 및 발견에 의한 학문적 공헌
	이론 및 발견에 의한 산업기술적인 공헌
	일본 국내에서의 업적 *
	제창된 이론의 실험에 의한 발견과 증명 *
	선구적인 발견과 제창, 및 해외의 높은 평가와 실증
	이론은 해외 기술(실험)은 일본 *
	해외에서 낸 업적 *
	해외에서 실용화 (해외과학자가 실시함) *
	일본 국내에서 실용화 *
	산학연휴
	사회와의 접점을 중시
	과학자의 윤리감
기타	
	장기간 몇번, 많은 추천을 받은 후의 수상

(1) 「나가오가－니시나－유가와 · 도모나가－사가다」이라고 하는 일본 소립자물리학의 인맥 ("지의 계보")을 말함.
(2) 「상대성이론－양자력학 등 20세기 물리학」, 「Transistor에서 시작한 오늘의 전자공학」.
　　「DNA이중나선구조 와 유전자정보」 등 전문분야의 최첨단에서 연구한다는 것.
(3) 실험설비와 법적규제 등 포함.
* 는 별도 보고하는 바와 같이 업적의 다이프와 관계함.
** 는 2014년도 노벨물리학상 수상인 청색 LED에 따라 해당이 됨

	○**	○	○
	○	○	○
	○	○	○
	○	○	○
	○	○	○
	○	○	–
	○**	–	○
	○	○	○
	–	○	○
	○**	○	○
	○**	○	○
	○**	–	○
	○	○	○
	○	○	○

유형-3 획기적인 이론 제창, 선구적인 신발견, 검증 및 응용·산업화 모두를 국외에서 달성	
	도네가와 스스무
	난부 요이치로
	네기시 에이이치
유형-4 획기적인 이론 제창은 해외, 그 검증·실용화 등은 국내에서 달성	
	야마나카 신야
	아카사키 이사무
	아마노 히로시
	나카무라 슈지

생리학 및 의학	실험	1987년	SWISS	US
물리학	이론	2008년	US	US
화학	실험	2010년	US	US
생리학 및 의학	실험	2012년	일본	영국
물리학	실험 · 실용화	2014년	일본	US
물리학	실험 · 실용화	2014년	일본	US
물리학	실험 · 실용화	2014년	일본	US